FAO中文出版计划项目丛书

传粉者挑战徽章

训练手册

联合国粮食及农业组织　编著

张龙豹　李骏达　张　笑　译

中国农业出版社
联合国粮食及农业组织
2023·北京

引用格式要求：

粮农组织。2023。《传粉者挑战徽章训练手册》。中国北京，中国农业出版社。https://doi.org/10.4060/cb4803zh

ISBN 978-92-5-138297-4（粮农组织）

ISBN 978-7-109-31201-2（中国农业出版社）

©粮农组织，2021年（英文版）

©粮农组织，2023年（中文版）

目录

引言

安全注意事项！

亲爱的领队/老师：

挑战徽章训练手册专为辅助教学活动而设计。由于各地组织活动课的条件和环境各不相同，最终还是要由你来选定适合且安全的活动。

户外探索是了解自然的一种绝佳方式，然而，采取预防措施确保无人受伤也非常重要。请仔细做好计划，配备足够的成人监督，保证参与者的安全。青少年儿童全程要有成人监督。

常规注意事项：

* 每场活动结束后记得洗手。

* 弄清楚本区域哪些花种、植物和浆果有毒，让参与者远离这些有毒品种。

* 请勿贸然品尝发现之物，除非能确保这些东西无毒。

* 请勿随意饮用户外水，除非确保水是安全的。

* 靠近水源、溪流、河流和湖泊时，要格外小心。

* 使用尖锐物体和电气设备时要小心。

* 任何需要靠近蜜蜂或黄蜂等带刺昆虫的活动前，请采取预防措施，避免被蜇。不要涂抹甜味的乳液或香水，也不要穿花哨或色彩艳丽的衣服，一定要穿长袖和长裤。如果留有长发，请扎成马尾或编成辫子。 在传粉昆虫周围活动时，动作要轻缓。青少年儿童必须全程由成人监督。

* 对于需要接近花粉的任何活动，花粉过敏者应在家长同意的情况下采取必要预防措施，例如服用过敏药或佩戴口罩。

* 可将部分活动课的照片或视频上传至YouTube等网络平台，务必确保在上传前得到照片或视频中每个人包括其家长的同意。

处理昆虫叮咬

　　一旦被昆虫叮咬，当务之急需要立刻采取行动。如果被蜇伤者出现喉咙、嘴唇或面部严重肿胀，或被蜇部位异常肿胀，身体其他未蜇伤部位发痒，呼吸困难、意识丧失、脉搏微弱或疾速跳动、头晕或嘴唇发紫，此时你需要立刻紧急呼救。其他情况下需立即采取以下急救措施：

✳ 用镊子移除皮肤上残留的螫针、蜱虫或毛发。

✳ 用肥皂水清洗蜇伤口。

✳ 对肿胀部位进行冷敷（可用浸过凉水的法兰绒、湿布或者冰块），至少冷敷10分钟。冰块冷敷时切记要垫上毛巾，请勿将冰块直接敷到皮肤上，也不要对伤口加热。

✳ 如有可能，举起或抬高肿伤部位，这样可以减轻肿胀。

✳ 为降低感染风险，请勿抓挠肿胀部位或挤破水泡——如果你的孩子不幸被咬伤或被蜇伤，请将孩子的指甲剪短并保持指甲清洁。

✳ 请勿使用传统的家庭疗法，例如醋和碳酸氢钠，二者不太可能有疗效。

资料来源：英国国民医疗服务体系（NHS UK）

青年与联合国全球联盟学习和行动系列

照顾好大自然

* 尊重自然。

* 请勿增加浪费。

* 最好保持自然原样。切勿采摘受保护的植物，在收集植物或采摘花朵之前，请先获得许可。只拿走你真正需要的东西，并确保至少留下三分之二的野外发现之物。

* 如果你正与动物或昆虫打交道，请仔细小心，必要时穿戴防护服；要温柔，确保它们有适合的食物、水、栖息地和空气；任务完成后，请将它们放回原处。

* 尽量回收或重新利用活动中使用过的材料。

可持续发展目标

2015年9月25日，联合国大会一致通过决议：《改变我们的世界——2030年可持续发展议程》。这份具有历史意义的文件列出了到2030年要实现的17项可持续发展目标（SDGs）。SDGs旨在汇聚全球努力消除贫困、促进和平、维护所有人的权利和尊严、保护地球，确保人人享有可持续的未来。

青年与联合国全球联盟（YUNGA）通过制定倡议、开展活动、开发资源（例如联合国挑战徽章训练手册），鼓励青少年做社区的主人翁，推动实现可持续发展目标。新的挑战徽章训练手册正在编写中，将进一步支持实现可持续发展目标。

thegoals.org 是一个连接世界各地青年团体的在线平台，以有趣、互动的方式助力实现可持续发展目标。该网络平台适用于任何支持互联网的设备，面向有意愿了解可持续发展目标并采取行动的年轻人。

详细信息请访问 **http://wagggs.thegoals.org**

17个可持续发展目标：

1 无贫穷
在全世界消除一切形式的贫困。

2 零饥饿
消除饥饿，实现粮食安全，改善营养状况和促进可持续农业。

3 良好健康与福祉
确保健康的生活方式，促进各年龄段人群的福祉。

4 优质教育
确保包容和公平的优质教育，让全民终身享有学习机会。

5 性别平等
实现性别平等，增强所有妇女和女童的权能。

6 清洁饮水和卫生设施
为所有人提供水和环境卫生并对其进行可持续管理。

7 经济适用的清洁能源
确保人人获得负担得起的、可靠和可持续的现代能源。

8 体面工作和经济增长
促进持久、包容和可持续的经济增长，促进充分的生产性就业和人人获得体面工作。

9 产业、创新和基础设施
建造具备抵御灾害能力的基础设施，促进具有包容性的可持续工业化，推动创新。

10 减少不平等
减少国家内部和国家之间的不平等。

11 可持续城市和社区
建设包容、安全、有抵御灾害能力和可持续的城市和人类社区。

12 负责任消费和生产
采用可持续的消费和生产模式。

13 气候行动
采取紧急行动应对气候变化及其影响。

14 水下生物
保护和可持续利用海洋和海洋资源以促进可持续发展。

15 陆地生物
保护、恢复和促进可持续利用陆地生态系统，可持续管理森林，防治荒漠化，制止和扭转土地退化，遏制生物多样性的丧失。

16 和平、正义及强大机构
创建和平、包容的社会以促进可持续发展，让所有人都能诉诸司法，在各级建立有效、负责和包容的机构。

17 促进目标实现的伙伴关系
加强执行手段，重振可持续发展全球伙伴关系。

引言

传粉者挑战徽章支持可持续发展目标1、2、15

在本手册中我们将了解到，传粉者在推动实现部分可持续发展目标中发挥着重要作用。

目标1　无贫穷

在全世界消除一切形式的贫困。

具体目标

1.1　到2030年，在全世界范围内消除极端贫困（极端贫困是指按照现有衡量标准，日均生活费不足1.25美元）。

传粉者的重要性体现在何处？

世界上75%的主要水果和种子，在某种程度上依赖传粉，但传粉者正遭受威胁，其数量的减少将影响经济、就业和数百万人的收入，如农民和养蜂人。

目标2　零饥饿

消除饥饿，实现粮食安全，改善营养状况和促进可持续农业。

具体目标

2.1　到2030年，消除饥饿，确保所有人特别是低收入群体和弱势群体，包括婴儿，全年都有安全、营养和充足的食物。

2.4　到2030年，确保建立可持续粮食生产体系并执行具有抗灾能力的农作方法，以提高生产力和产量，帮助维护生态系统，提高适应气候变化、极端天气、干旱、洪涝和其他灾害的能力，逐步改善土壤质量。

2.A　通过**加强国际合作**等方式，增加对农村基础设施、农业研究和推广服务、技术开发、植物和牲畜基因库的投资，以增强发展中国家特别是最不发达国家的农业生产能力。

　青年与联合国全球联盟学习和行动系列

传粉者的重要性体现在何处？

提高传粉者的物种丰富性和多样性可以相应提高农作物的质量和数量，从而促进粮食安全和健康营养。

目标15　陆地生物

保护、恢复和促进可持续利用陆地生态系统，可持续管理森林，防治荒漠化，制止和扭转土地退化，遏制生物多样性的丧失。

15 陆地生物

具体目标

15.1　到2020年，根据国际协议规定的义务，保护、恢复和可持续利用陆地和内陆的淡水生态系统及其服务，特别是森林、湿地、山麓和旱地。

15.5　采取紧急重大行动来减少自然栖息地的退化，遏制生物多样性的丧失，到2020年，保护受威胁物种，防止其灭绝。

15.9　到2020年，把生态系统和生物多样性价值观纳入国家和地方规划、发展进程、减贫战略和核算。

传粉者的重要性体现在何处？

约90%的被子植物（开花植物）依赖于动物传粉，因此传粉者数量的减少将会损害众多生态系统。传粉者有助于维持植物和动物的多样性，这些动物通常以这些植物为食。

在居住地实现一个目标！

何不尝试与小组成员一起探索在社区层面可以助力实现哪些具体目标呢？如需了解更多可持续发展目标的信息，请访问：

www.fao.org/yunga/global-citizens/sdgs/en

http://sustainabledevelopment.un.org/topics

智能手机用户还可以下载SDGs in action这一应用程序，创建和记录你的行动轨迹（**https://sdgsinaction.com**）。

挑战徽章训练手册系列丛书

联合国挑战徽章训练手册系列丛书是由青年与联合国全球联盟（YUNGA）与联合国相关机构、民间团体及其他组织合作编写出版，旨在针对青少年开展宣传教育工作、提升兴趣，鼓励青少年主动做出改变、积极改善所在社区现状。挑战徽章训练手册系列丛书适合在校教师和青年领队使用，尤其适用于童子军和女童军。

已出版的训练手册请见 http://www.fao.org/yunga/home/zh/

如需了解青年与联合国全球联盟的最新资讯，请联系 yunga@fao.org 订阅免费的青年与联合国全球联盟新闻简报。

青年与联合国全球联盟学习和行动系列

青年与联合国全球联盟已经完成和正在编写的徽章训练手册涉及以下主题：

农业：如何以可持续的方式生产、消费粮食和其他农产品？

生物多样性：让我们一起努力，让世界上丰富多彩的动植物不再消失！

气候变化：加入减缓气候变化的行动，创造一个安全的未来！

减轻灾害风险：了解自然界的灾害，并努力减轻其风险。

能源：世界既需要良好的环境，也需要能源——如何做到两者兼得？

森林：森林是数以百万计物种的家园，能够调节气候，提供必要资源。让我们一起保护森林！

性别：如何采取行动来创造一个更加平等公正的世界——尤其是对于女孩儿和女性？

治理：发现决策过程如何影响你的权利、如何影响全世界平等。

结束饥饿：拥有充足的食物是一项基本人权，如何为全世界每天都食不果腹的10亿人口提供帮助？

营养：什么是健康膳食？如何做出对环境友好的食物选择？

传粉者：了解传粉者是如何哺育人类并确保我们星球的可持续性。

海洋：神秘又神奇的海洋能调节温度和提供资源，而且海洋的作用还远不止于此。

塑料：创造一个没有塑料垃圾的世界。

土壤：土壤乃生存之基，为我们提供栖息地，土壤不仅可以种植粮食，而且土壤植被还可以控制水土流失、过滤水源、调节温室气体，如何照料好脚下的土地？

水资源：水乃生命之源，如何保护这无比珍贵的资源？

主动做出改变

我们开展青少年工作，因为我们想支持青少年过上令人满意的生活，帮助青少年为将来做好准备，为其树立"我能为世界带来改变"的信念。实现这些目标的最佳途径就是鼓励青少年主动做出长久的行为改变。不健康以及不可持续的人类行为导致当前出现了诸多社会和环境问题。大多数人需要改变行为方式，不仅仅是在某个项目（比如该挑战徽章训练项目）期间做出改变，而且要养成习惯、一以贯之。尽管当今青少年对此类问题的认识已日益深入，但很多人仍未改变那种会带来负面影响的做法。显然，单靠加强意识还不足以改变行为。

以下是一些能够带来长期影响的做法：

实践证明，用对方法才能改变行为。为了让本手册的影响力长期发挥作用，应做到以下几点：

聚焦具体的、有可能改变的行为。

优先针对清晰、具体的行为做出改变（例如：停止使用造成大气污染的产品），将行动拆分成若干步骤并与小组成员合作完成。

鼓励主动谋划与决策。

让青少年成为负责人：自主选择（最接近内心想法的）目标并制订实施方案。

大胆质疑现状，破除困难因素。

鼓励参与者审视当前自身行为，并思考改变行为的方法。对于做不到的事情，每个人都会找借口：没时间、没金钱、不知道怎么做，等等。引导青少年将各种理由罗列出来，然后一起找到解决方法。

锻炼行动能力，培养新的好习惯。

想让自家花园变得更适宜本地鸟类、蜜蜂和其他传粉者栖息吗？那就去寻找本地的原生植物品种并播种在你的花园里——切记要避免非本地的外来入侵物种。植物品种越丰富越好！你是否愿意减少碳足迹来更好帮助传粉者呢？那就别开车，尝试步行或骑行上学。要坚持实践，至少21天，直到养成习惯。通常养成好习惯比改掉坏习惯更容易。

多去户外走走。

只有足够关心，才有爱护之心。无论是附近的公园，还是无人踏足的原野，只要走进大自然，我们就会与之建立起情感纽带。事实证明，这些实践可鼓励环保行为。

推动家庭和社区的参与。

如果能帮助一个家庭，甚至整个社区改变行为，那为什么还只局限于青少年个体层面的行为改变呢？加大宣传让更多人了解相关信息，向他们介绍你们为社区做了哪些事情，鼓励青少年说服家人朋友们也参与进来。

公开承诺。

如果在旁人见证下或通过签署书面声明做出承诺，那最后践行承诺的可能性会更高。所以，何不尝试一下公开承诺这种办法呢？

监督行为改变并予以奖励。

改变行为绝非易事！然而你可以把它当成一场有趣的比赛！定期和同伴复盘任务执行情况、监督进展、比较成果，并对连续取得的进步及时予以适当奖励。

以身作则。

你是身边青少年的榜样。他们尊重你，关注你的想法，想得到你的认可。只有以身作则，率先垂范，青少年才会由衷地支持你的行为主张。

不要怀疑——
你可以有所作为！

与学员开展徽章训练的建议

与学员共同开展挑战徽章训练的过程中，除了上述鼓励行为改变的建议外，还可参考以下建议。

1

鼓励小组学员去了解传粉者相关知识，了解传粉者的存在对于实现部分可持续发展目标的重要性。本手册"背景知识"部分能帮助你了解相关内容。首先，要增强参与者的基本认识：哪种动物尤其是哪种昆虫属于传粉者？传粉者如何传粉？确保学员了解传粉者目前面临的多种风险，认识到传粉者的减少会严重危及世界范围内大多数开花植物，包括农作物和人类食物。一起探索本地有哪些传粉者，了解它们目前遭受的不利影响，然后小组讨论如何保护传粉者，这不仅关乎人类利益，也关乎整个星球。

2

必修活动课旨在夯实学员对传粉者相关基本概念和问题的理解，除此之外，参与者还可根据其学习需求、兴趣爱好和文化背景选修其他活动课，且应最大程度保障自主选课。有的活动课可由个人独立完成，有的则需分组开展。与学员或所在区域匹配度较高的其他活动亦可设为选修活动课。

青年与联合国全球联盟学习和行动系列

3

为活动课预留充足的时间。活动过程中可以提供支持和指导，但尽量让大家独立完成。活动课的组织方式有很多，鼓励参与者在活动中主动思考、勇于创新。

4

让参与者们观察、衡量、相互比较各自挑战徽章训练活动课的成果，并进行成果展示。他们的态度和行为是否发生了转变？鼓励学员们思考如何在日常活动中保护传粉者，讨论、总结现有经验并思考如何在实际生活中继续加强运用。

5

组织一场结业仪式，表彰成功完成徽章训练课程的参与者。邀请家人、朋友、老师、记者以及社区领导参加庆祝活动，例如，可以在每年5月20日组织一场"世界蜜蜂日"庆祝活动。鼓励大家在成果展示中发挥创意，并向学员颁发证书和挑战徽章。

6 **和青年与联合国全球联盟（YUNGA）分享！**

请把你的故事、照片、手绘图、想法和建议发给我们吧，我们乐于听到你关于开展挑战徽章训练课程的分享，也致力于优化完善我们的课程资源。因此，请发送邮件至yunga@fao. org联系我们，或者将你的活动分享至推特（@UN_YUNGA）、脸书（www. facebook.com/yunga.un）、Instagram:（www.instagram.com/un_ yunga/）或tiktok（tiktok.com/@unyunga）。

传粉者挑战徽章训练手册介绍

《传粉者挑战徽章训练手册》旨在帮助教育儿童和青少年认识到传粉者在粮食体系和环境中的重要作用。

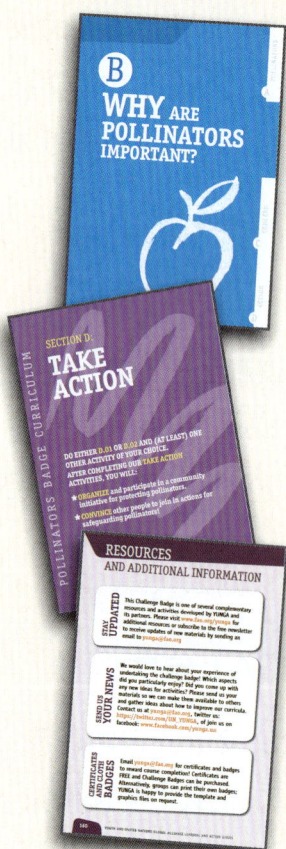

本手册中传粉者**背景知识**部分介绍了哪些物种属于传粉者、传粉者如何传粉、传粉者在我们饮食和环境保护中的重要性。此部分还重点介绍了危及传粉者生存的主要因素，如农药的使用、土地管理、昆虫和疾病、气候变化带来的影响等。关于如何培育和保护传粉者，以更好地造福人类，本手册对此也提供了一些具体思路供参考。

当然，本手册中的部分内容未必适合全年龄段，领队应选择最适合本组成员的活动主题和细节层次。例如，对于年龄较小的组员，可能要跳过那些复杂的议题；但对于年龄稍长的组员，或许可以在徽章课程之外开展更深层次的研究。

本手册第二部分（**传粉者徽章训练课程**）包含启发学习、激励儿童和青少年参与保护传粉者的一系列活动和思路。

其他资源、实用网站和重要词汇详见手册**结尾部分**（文中的关键术语会像这样进行标注）。

徽章训练的内容和课程

本手册旨在帮助教师开发教育课程，用于班级授课或小组活动，从而理解传粉者的重要性。然而，作为教师和青年领队的你还应该自主判断，制订适合本组学员的课程。本手册未提及但符合教学要求的活动亦可作为选修活动。请记住本挑战徽章手册的主要目的是教育和激励，且最重要的是激励人们采取行动和改变行为。

徽章训练结构

本手册背景知识和配套活动课分为以下四个章节：

第一章　传粉者是什么？本章主要介绍哪些物种属于传粉者以及如何进行传粉。

第二章　传粉者为什么如此重要？传粉者如何造福人类和环境。

第三章　关注蜜蜂：传粉者面临的威胁。

第四章　行动起来：我们如何保护传粉者。

要求：参与者须完成各章起始部分列出的两项必修活动中的任意一项，并选择完成各章中至少一项选修活动（个人自选或小组共同决定），即可获得徽章。本手册未提及但经老师或领队同意的选修活动亦可选择。

第一章　传粉者是什么？

一项必修活动 **&** 至少一项选修活动
（1.1 或 1.2）　　（1.3 至 1.10）

+

第二章　传粉者为什么如此重要？

一项必修活动 **&** 至少一项选修活动
（2.1 或 2.2）　　（2.3 至 2.10）

+

第三章　关注蜜蜂

一项必修活动 **&** 至少一项选修活动
（3.1 或 3.2）　　（3.3 至 3.10）

+

第四章　行动起来

一项必修活动 **&** 至少一项选修活动
（4.1 或 4.2）　　（4.3 至 4.11）

=

传粉者挑战徽章训练
完成！

各年龄段适用的活动课

为了方便你和组员选出最合适的活动课，本手册采用编号系统对适用不同年龄段的活动课做了标记。例如，标有"1级和2级"的活动课分别适合年龄在5～10岁和11～15岁的参与者。

但请注意此标记仅供参考，视具体情况，或许标为某一级的课程同样适用于其他年龄段的学员。

级别

① 5～10岁

② 11～15岁

③ 16～20岁

切记！

除了学习和培养技能外，徽章活动还应寓教于乐。要鼓励参与者在获得徽章、学习传粉者及其重要性的过程中获得乐趣。本手册的最终目标是认识传粉者、理解传粉者和感激传粉者，激励个体在主动改变自身行为的同时推动地方和国际层面保护传粉者的行动。

徽章训练课程样本

下述不同年龄段的课程样本为获得徽章提供了参考案例，并旨在帮助你制订教学计划。请注意，以下建议的活动只是例子，你也可以根据所在国家或地区的实际情况开发自己的课程。然而，所有小组都应完成徽章课程中的必修核心活动课。

级别

1 5 ～ 10 岁

2 11 ～ 15 岁

3 16 ～ 20 岁

每项活动课都有具体的学习目标，除此之外，孩子们还将有机会锻炼以下技能：

* 团队合作
* 想象力和创造力
* 观察能力
* 建立对科学、地球和物理变化过程的兴趣
* 文化和环境意识
* 算术和读写能力

章 节	活 动	学习目标
一 传粉者 是什么？	1.2 建造蜜蜂旅馆	鼓励去观察传粉者，学会保护传粉者。
	1.6 参观养蜂场	了解传粉者如何传粉。
二 传粉者为什么 如此重要？	2.1 最爱的果蔬	理解传粉者对整个星球、人类和饮食的重要性。
	2.5 本地景观	在生态系统中与传粉者建立共鸣。
三 关注蜜蜂	3.2 实地考察	了解传粉者面临的威胁并理解这样做的重要性； 了解我们在保护传粉者过程中的作用以及我们可以采取的措施。
	3.4 野外栖息地	认识到我们都生活在同一个地球，我们需要共同保护世界，维持地球的清洁。
四 行动起来	4.2 给蜜蜂一次机会	帮助所在地的传粉者找到花蜜和花粉。
	4.3 为了全球福祉而努力	鼓励积极的行为改变。

级别

① 5 ～ 10 岁

② 11 ～ 15 岁

③ 16 ～ 20 岁

和1级类似，2级课程也有各自的具体学习目标，但同时也培养以下技能：

* 团队合作和独立学习能力
* 想象力和创造力
* 观察能力
* 建立对科学、地球和物理变化过程的兴趣
* 文化和环境意识
* 研究能力
* 陈述和演讲能力
* 持论和辩论能力

章　节	活　动	学习目标
传粉者是什么?	1.1　传粉者调研	了解哪些物种属于传粉者。
	1.5　谁是传粉者?	团队合作，勾勒出传粉者的知识脉络。
传粉者为什么如此重要?	2.2　SDG 小帮手	在具体情境中研究复杂问题。
	2.7　我们使用的物品	将我们的行动与传粉者当前状况联系起来。
关注蜜蜂	3.2　实地考察	了解传粉者面临的威胁并理解这样做的重要性；了解我们在保护传粉者过程中的作用以及我们可以采取的措施。
	3.5　绘制全景图	认识到我们都生活在同一个地球，我们需要共同保护世界，维持地球的清洁。
行动起来	4.1　吹"蜂"造势	开展活动、改变生活方式，保护传粉者；加强观察、加深认识传粉者。
	4.5　公园指示牌	与市民开展合作，努力实现共同目标。

级别

1 5 ～ 10 岁

2 11 ～ 15 岁

3 16 ～ 20 岁

3级课程将培养以下能力：

★ 团队合作和独立学习能力

★ 想象力和创造力

★ 观察能力

★ 建立对科学、地球和物理变化过程的兴趣

★ 文化和环境意识

★ 技术能力和研究复杂课题的能力

★ 陈述和演讲能力

★ 持论和辩论能力

章 节	活 动	学习目标
传粉者是什么?	1.1　传粉者调研	了解哪些物种属于传粉者;建立对本地物种的知识脉络。
	1.9　研究进化	在具体情境中研究复杂问题。
传粉者为什么如此重要?	2.2　SDG 小帮手	在具体情境中研究复杂问题。
	2.8　"蜜蜂制造"	培养研究能力,了解依靠传粉者制造的产品。
关注蜜蜂	3.2　实地考察	了解传粉者面临的威胁并理解这样做的重要性;了解传粉者如何帮助人类对抗饥饿,我们可以采取哪些措施来保护传粉者。
	3.6　气候变化影响几何?	认识到我们都生活在同一个地球,我们需要共同保护世界,维持地球的清洁。
行动起来	4.1　吹"蜂"造势	开展活动、改变生活方式,保护传粉者;增强保护传粉者的意识。
	4.7　调动本地力量	与市民开展合作,努力实现共同目标。

背景知识

　　以下章节是围绕传粉者及其重要性的概述，旨在帮助教师和青年领队在备课和准备活动课时无需另外搜集材料。当然，本手册提供的背景材料不一定适合所有年龄段的学员和所有活动。

　　同样，你可能发现年龄稍长的学员还会需要额外的知识信息和学习资源，你可能还会允许大一点的儿童自主阅读背景知识，因此本手册中较长章节被排版制成"知识单页"，便于影印学习。

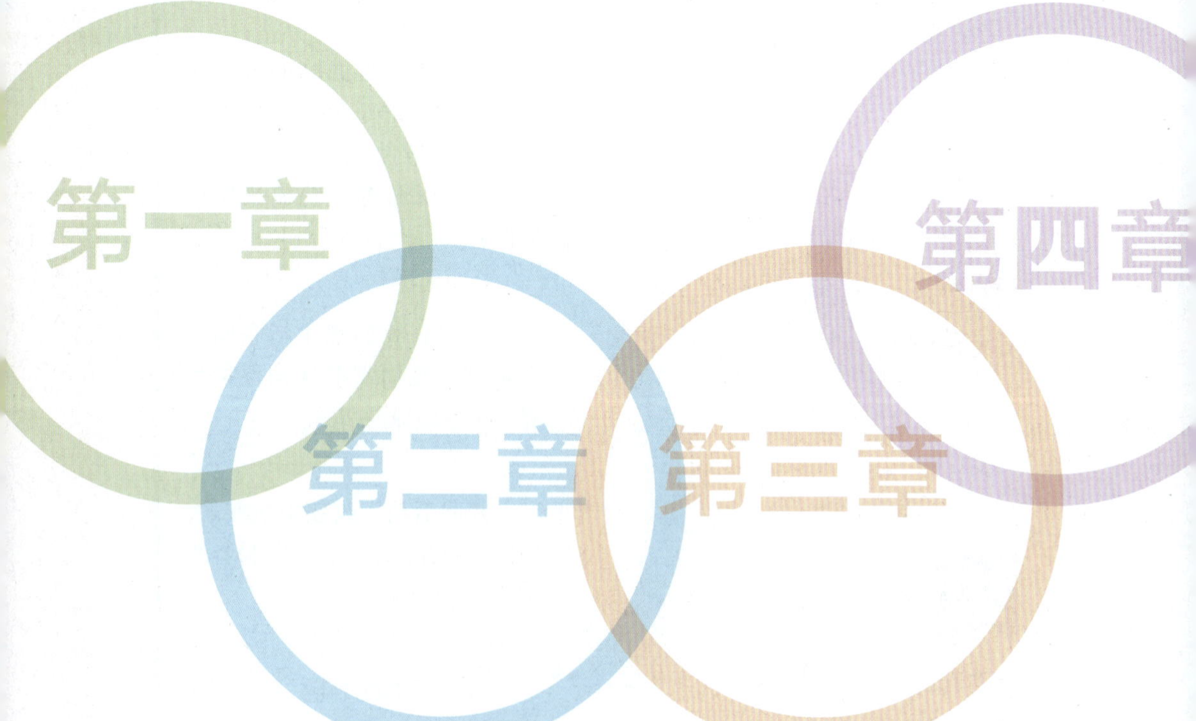

第一章

第四章

第二章 第三章

第一章

传粉者是什么？

1.1 我们星球的一位超级英雄

当我们想起地球上最珍贵的自然资源时，大部分人脑海中会浮现粮食、水、森林和能源，然而，还有一种超级珍贵的资源容易被忽视：传粉者！

传粉者？就是四处传播花粉的物种吗？听起来很酷，但怎么会如此重要呢？这就是本手册将要探讨的问题。不过，首先让我们弄清楚花粉和传粉吧。

© Ethan Newman

花粉是一种由雄蕊产生的细小粉状物质，通常呈橙黄色，含有1/2的遗传密码，用来繁殖新植物。花朵不仅光鲜艳丽，而且通过生成种子成为植物繁殖的工具。为了能够生成种子，花粉必须从花的雄性部分（雄蕊——产生花粉）传到雌性部分（柱头），这个过程被称为传粉。通常情况下，只有同种植物间的花粉传播才能生成种子。

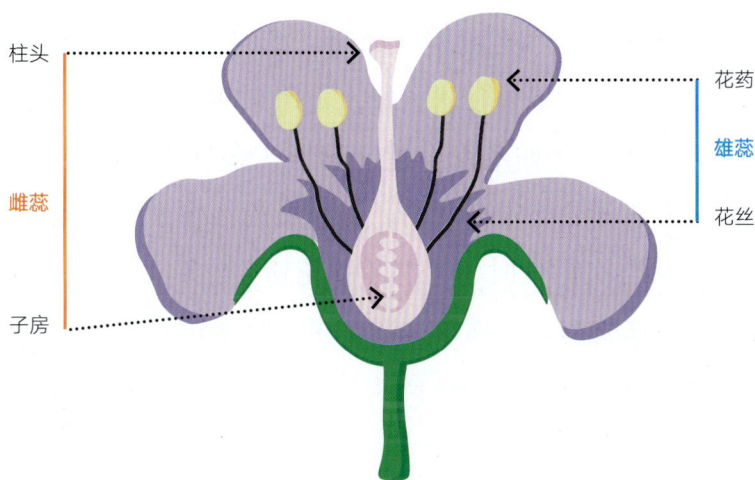

柱头 · 花药 · 雄蕊 · 花丝 · 雌蕊 · 子房

借助风力、重力和流水，传粉过程悄然进行，部分开花植物甚至可以自花传粉。

风 　　　　流水 　　　　自花传粉

但是绝大多数开花植物（占比接近90%）需要依靠昆虫这支庞大的队伍和其他动物来完成传粉。

但对此不要理所当然（要眼见为实）！到外面去摘几朵花，然后仔细地将这些花拆开，你能辨认出多少个部分？每朵花看起来都差不多吗？

传粉者如何传粉？

我们以最广为人知的传粉者——蜜蜂为例进行分析。蜜蜂闻花、采集花粉、收集花蜜、带至巢穴（蜂箱），这些花粉和花蜜可以喂养**蜂群**中的其他蜂员；如果是独居蜜蜂，则用来喂养其后代。蜜蜂采蜜还为食物匮乏时期（例如冬季）建立储备。蜜蜂在觅食花粉和花蜜的过程中，也无意间收集很多花粉，这些花粉沾在蜜蜂的毛上。当蜜蜂飞到另一朵花再次觅食时，其携带的花粉会沾到新的花朵（柱头）上，使新花的胚珠受精，从而帮助新花生成种子进行繁殖。授粉完成后，子房结为果实，胚珠变成种子。

趣味事实！

非开花植物也能传粉

非开花植物，如蕨类和苔藓，借助风力（有时也借助流水）进行传粉。其中一些植物还通过球果向空气中释放花粉来完成传粉。许多重要的主食作物，如小麦、水稻、玉米、大麦和黑麦都属于风媒传粉。

一些植物可以自花传粉

上面我们讨论了异花传粉，即花粉从一朵花的雄蕊传到另一朵花的柱头，这两朵花属于同种不同株。然而，有些植物，如向日葵和某些兰花，能够进行自花传粉，即花粉从一棵植物上的一朵花落到另一朵花的雌蕊柱头上，甚至是同一朵花的花粉从雄蕊落到雌蕊的柱头上。

© Unsplash

1.2 谁在传粉？

提到传粉，很多人会想到蜜蜂。的确，比起其他物种，无论是野生蜜蜂还是家养蜜蜂都进行了更多的传粉。蜜蜂身上的鬃毛可以"收集"花粉，使其成为异常高效的传粉者。蜜蜂为100多种主要粮食作物实施传粉，但实际上，**世界范围内已知的充当传粉者的蜜蜂种类大约有20 000种**。

然而，除了蜜蜂还有很多其他种类的昆虫、鸟类和哺乳动物，甚至包括蜗牛，也都属于传粉者。事实上，根据国际自然保护联盟的说法，"目前所有公认的鸟类和哺乳动物中，9%为确定的传粉者或推断为传粉者"。你能想到所在区域有哪些昆虫、鸟类和哺乳动物属于传粉者吗？为何认为它们可能属于传粉者？

青年与联合国全球联盟学习和行动系列

传粉圈的摇滚明星

最忙碌

© Giulia Tiddens

蜜蜂

我们已知晓蜜蜂是如何成为强大的传粉者。人们谈论"像蜜蜂一样忙碌"也是有原因的。你是否知道一只蜜蜂一天中可能会采几百朵花？

体型最大

© AdobeStock/Rob Francis

黑白领狐猴

在其生活的马达加斯加岛上，黑白领狐猴是一种叫做旅行家树（学名旅人蕉）的主要传粉者。获取此树花朵的花粉既需要一定的体力，也需要灵活性。

最古怪

© AdobeStock/Beth Baisch

蝙蝠

电影中蝙蝠可能是吸血鬼的朋友，但现实生活中，蝙蝠是我们所有人的好朋友。蝙蝠为300多种水果传粉，包括芒果、香蕉和番石榴。蝙蝠在沙漠和热带地区进行传粉。

© Pixabay

© AdobeStock/Patricia

蓝尾壁虎

是的，壁虎也能成为传粉者。这只在毛里求斯发现的小壁虎可以帮助传粉，因为当它浸入花朵中采蜜时，花粉会沾在它额头的鳞片上。

最明亮

© Wikimedia Commons/
Terry Priest

萤火虫

你住的地方有萤火虫吗？这些小虫子可以用自身醒目的光芒照亮夏季的夜晚。萤火虫还帮助许多植物传粉，包括乳草、麒麟草和野生向日葵。

最甜美

© Stephen Hopper

蜜袋鼯

真的很可爱吧？这些鼠标大小的动物生活在澳大利亚，它们在此享受银杏花和桉树花，并为其传粉。

嘴最尖

© AdobeStock/Rolf Nussbaumer/
DanitaDelimont.com

鸟类

依靠鸟类传粉的花朵往往长势较大、色彩艳丽，因此在树叶丛中易被鸟儿发现。常见的鸟类传粉者包括蜂鸟、沙巴鸟、太阳鸟、旋蜜雀和食蜜鸟。

背景知识

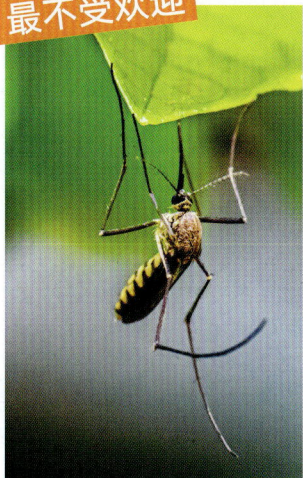

最不受欢迎

© Unsplash

苍蝇和蚊子

显然，苍蝇和蚊子不会在昆虫的人气比赛中获胜。纵使二者的习性恼人（比如叮咬皮肤，引发瘙痒），但却是重要的传粉者。苍蝇作为传粉昆虫的重要性仅次于蜜蜂；在高海拔地区，苍蝇取代了蜜蜂成为主要的传粉者。

蚊子能帮助兰花和许多其他开花植物传粉。你可否知道雄性蚊子甚至不吸食动物的血？它们的正常食物是花蜜！

鬼鬼祟祟

© Giulia Tiddens

花蝇

这些昆虫看起来像蜜蜂，但实际上是伪装的苍蝇！你可以分辨出二者的区别，因为花蝇只有一对翅膀（与蜜蜂的两对翅膀不同），此外二者还有其他身体上的区别。花蝇也被称为盘旋蝇（或食蚜蝇），因为它们喜欢在花朵上盘旋，然后迅速改变方向。花蝇是多种植物的重要传粉者。

每种传粉者都有自己的习性，我猜想……

蜜蜂更喜欢有甜美香味的花朵，或炫耀性的迷人花瓣。事实上，当你环绕蜜蜂时，不要轻易喷洒香水和涂抹乳液（以免被蜇伤）。由苍蝇传粉的花会有臭味，例如像腐肉或粪便散发的臭味。实际上，有一种花叫尸体花，也被称为"世界上最难闻的花"。

关于"爱与失去"的悲惨（传粉者）故事

拿出手帕，孩子们，你会用到的。无花果——黄蜂的故事是自然界中植物和动物之间建立微妙联系实现共生的案例之一，也是自然界最令人心酸的案例之一。无花果树和无花果黄蜂是共同进化的一个例子——共同进化期间两个或多个物种影响彼此的进化。开花的无花果不易被发现，需要特殊的过程来完成授粉。无花果树是幸运的，因为无花果黄蜂（fig wasp）有一种特殊的嗅觉，可以引导它们找到花朵。而无花果黄蜂却是不幸的——雌性黄蜂在无花果花（无花果花成熟后会结成无花果）中产卵后，因无法爬出而死在无花果中。当卵孵化后，只有雌性黄蜂会挣脱出来，雄性黄蜂因为没有翅膀而无法出来。尽管黄蜂群展示出了巨大的团队协作精神，但注定要失败的雄性黄蜂依然为雌性黄蜂开辟了出路。

© Wikimedia Commons 3.0/JMK

谁是花蜜强盗？

有些传粉者会设法从花朵中偷取花蜜，而不会在其身体上收集花粉，因此被称为花蜜强盗！换句话说，它们从植物中得到了想要的东西，却没有回报。花蜜强盗这类物种包括木蜂和一些无刺蜜蜂。

夜行传粉队

你知道传粉是全天候进行的吗？鸟类和蝴蝶等传粉者在白天进行传粉；天黑后，一支全新的传粉者大军接管了传粉工作，这其中包括飞蛾、甲虫、蝙蝠，甚至还有一种蜂——大翅目蜜蜂，它们倾向于到访带有强烈香气的浅色花朵，而这些花朵在黑暗中也更容易被发现。

© Wikimedia Commons 3.0/ Palmejyochi

传粉女王——让我们更多地了解蜜蜂

想到蜜蜂，你是否也会想起蜂蜜？事实上，只有社会性蜜蜂（以蜂群形式生存，群居在蜂箱中）才会酿出大量的蜂蜜，用于冬季喂养蜂群。然而，大多数蜜蜂处于独居状态，它们单独生活或与少数后代生活在一起，其蜂蜜产量有限，无法用于商业酿造。你知道吗？已知的蜜蜂种类超过了 20 000 种，接下来我们来探究几种。

© AdobeStock/Viesturs Larmanis

背景知识

蜜蜂

©Wikimedia Commons/
Louise Docker

蜜蜂是典型的具有社会性的蜂种。蜜蜂群居在蜂箱或蜂巢中，是非常重要的传粉者，可为100多种重要作物传粉。蜜蜂群中有一只蜂后（别称蜂王）负责管理居所，蜂后身旁簇拥着数万只雌蜂（即工蜂）和极少数雄蜂（也被称为公蜂）。最酷的是，当工蜂发现花蜜或花粉的上好源地时，便飞回蜂巢，跳起摇摆舞，以此将蜜源位置告知其他蜜蜂。下次你发现一个就餐好地时，是否也敢跳支摇摆舞来告知朋友？

(+)→ 了解更多关于蜜蜂如何传粉以及蜜蜂摇摆舞，请点击链接观
看视频：**www.smithsonianmag.com/videos/category/science/whats-the-waggle-dance-and-why-do-honeybees-do-it**

矮蜜蜂

©Wikimedia Commons/
Gideon Pisanty

矮蜜蜂在蜜蜂种群中体型最小，主要分布在气候温暖的国家，如柬埔寨、印度、伊朗、阿曼和泰国，几乎遍布东南亚所有地区。矮蜜蜂会采集大量的植物花朵，并倾向于利用树枝或类似支撑物来筑巢。年轻的矮蜜蜂在巢内工作，维护巢穴；年长的矮蜜蜂则负责保护和觅食（采蜜）。

巨型蜜蜂

©Wikimedia Commons/
Peterwchen

正如你所猜，这是体型最大的蜜蜂品种。巨型蜜蜂喜欢集体飞行。一棵树上的巨大蜂巢有时会多达50个，一个蜂巢能容纳60 000只巨型蜜蜂。巨大的蜜蜂群也可能非常具有攻击性，因此你需要避开这棵树。

大黄蜂

大黄蜂是另一个具有社会性的典型蜂种。它们的体型通常比蜜蜂大，也是非常重要的传粉者。全世界大约有255种不同种类的大黄蜂！其中最大的是南美洲熊蜂（*Bombus dahlbomii*），其蜂后类似于飞鼠。

©Bron Wright

无刺蜂

这个群体也被称为meliponines（葡萄牙语，中文译为"蜜蜂"），包括大约300个品种，主要生活在热带和亚热带地区。无刺蜂也具有社会性，其储存蜂蜜的方式与蜜蜂相似。无刺蜂虽不会蜇人，但如果巢穴受到干扰，则会通过叮咬来防御。无刺蜂是热带森林和众多作物的重要传粉者。

©Wikimedia Commons/
Leonardo Ré-Jorge

遇见传粉者、问候传粉者

下次户外活动时，注意一下你可能遇到的传粉者。你是否看到蜜蜂、黄蜂、蝴蝶、飞蛾、苍蝇、甲虫、蚂蚁或蜥蜴？它们都是传粉者！事实上，任何将花粉从一朵花转移到另一朵花的生物都是传粉者。在户外花一些时间，观察你看到的鸟类、昆虫和其他动物，找出符合描述特征的传粉者。

背景知识

石蜂

就像真正的石匠（建筑工人和石工），石蜂使用鹅卵石和泥土筑巢。石蜂属于独居蜂，通常出现在温带栖息地。石蜂为多种水果传粉，包括蓝莓、苹果和杏仁。

©Bron Wright

汗蜂

下次你跑完步或踢完球大汗淋漓时，别担心，外面有动物仍然认为你很酷：隧蜂（Halictids），这类蜜蜂因经常被汗水吸引，又被称为汗蜂。汗蜂为独居蜜蜂，体型较小，可为野花、紫花苜蓿和向日葵等植物进行传粉。

©Bron Wright

兰花蜂

这些独居、闪亮、金属色的蜜蜂有着非常细长的舌头，其舌长可达身长的两倍。此类蜜蜂的最有趣之处是什么呢？那就是雄性兰花蜂的后腿长有专门腔室，可留存花香——它们正是借助这种"香水"来吸引雌性蜜蜂！而兰花也特别成功地靠着一系列芳香将这些蜜蜂引诱过来，这就是兰花蜂的得名之处。兰花蜂是热带森林中非常重要的传粉者，除了兰花，还为一系列植物传粉。

©AdobeStock

© Bron Wright

切叶蜂

如果你注意到植物叶片上有一个整齐的新月形或近乎圆形的形状，很可能是切叶蜂在工作。玫瑰和九重葛是它们的最爱。这类独居蜂喜欢在洞穴中筑巢，并用叶子碎片填充洞穴，最终形成管状巢穴，并在此产卵。切叶蜂是重要且高效的传粉者，可为苜蓿、野花、水果（如蓝莓）和蔬菜传粉。

木蜂

© Wikimedia Commons/
Joshhecken

木蜂经常被误认为大黄蜂，只是木蜂的腹部没有毛（至少其背部顶端无毛）。这类独居蜂在软木中筑巢，凿出隧道和蜂房，穿梭其中并在此产卵。木蜂在筑巢时像锯子一样嗡嗡作响，因此得名，但它们不吃木头。相反，木蜂会觅寻花朵，采食花蜜和花粉，并且是番茄、蓝莓、茄子和蔓越莓等植物的重要传粉者。

蜂鸣授粉

有些蜜蜂如大黄蜂和木蜂，悬飞在花朵下方时，其身体可振动飞行肌肉。这个过程称作蜂鸣授粉，可将花粉从花药中抖落下来。你是不是曾经认为自己也能做出这么酷飒的动作！

背景知识

青年与联合国全球联盟学习和行动系列

你也可以成为传粉者！

　　到外面找一朵花，如图所示长有花粉粒。使用画笔或手指轻轻收集一些花粉，此时就可以把你的花粉撒到其他花上。想象一下，一天要为数百朵花传粉！是不是应该重新致敬传粉者呢？

© Giulia Tiddens

"忙碌的小蜜蜂是如何利用大好时机一整天畅游在绽放的花朵中辛勤采蜜呢?"

——艾萨克·沃茨 (Isaac Watts)

第二章

传粉者为什么
如此重要？

2.1 我们最好的朋友

正是得益于传粉者，我们可以享受品种丰富的健康美味食物！这不仅仅体现在食物的数量上，传粉者也极大改善了农作物的质量。所以，下次看到蜜蜂、苍蝇、蚂蚁或飞蛾时，不要嫌弃它们嗡嗡作响。

下次咬苹果、巧克力或番茄时要说句什么？

——谢谢，传粉者。

背景知识

传粉者的益处

增加
生物多样性

维护
生态系统

世界范围内，**75%** 的食用水果和种子依赖动物传粉。

过去50年中，依赖动物传粉的农作物总产量增加了 **3** 倍。

直接依赖传粉者的全球农作物价格每年估价在 **2 350亿 ~ 5 770亿美元**。

以下农作物也依赖于传粉者：**生物质能源作物**（如油菜和棕榈树）、**纤维作物**（如棉花）、**药用植物**、牲畜**饲料作物**以及**建筑植物**。

某些传粉者本身还能提供重要原材料，如用于蜡烛、乐器以及工艺品制作的**蜂蜡**。

资料来源：生物多样性和生态系统服务政府间科学政策平台（IPBES：Intergovernmental Science-Policy Platform on Biodiversity and Ecosystem Services）

创造
文化生态系统服务

提供
富含微量营养素的食物

狂野的东西，你让我的心歌唱

事实上，在105种常见作物中

98种为蜜蜂和黄蜂所觅食

76种为苍蝇舔食

57种有蝴蝶和飞蛾到访

54种被甲虫拜访

32种有蚂蚁来访的痕迹！

https://www.freepik.com/vectors/nature>Nature vector created by tartila

　　绝大多数传粉者为野生物种，包括地面筑巢的蜜蜂、某些品种的苍蝇、蝴蝶、飞蛾、黄蜂、甲虫、蓟马、鸟类、蝙蝠和其他脊椎动物。虽然养蜂业为农民生计提供了重要的收入来源，但全球范围内，野生传粉者和人工管理传粉者都在作物的授粉中发挥着重要作用。事实上，野生蜜蜂是某些作物最重要的传粉媒介之一，甚至比人工养育的蜜蜂传粉效果更好，结出的果实质量更佳。总的来说，与任何单一物种相比，多样化的传粉群体有助于作物授粉更有效和更稳定，并增强对陆地变化和气候变化的适应能力。

资料来源：联合国粮农组织、生物多样性和生态系统服务政府间科学政策平台

背景知识

依赖传粉媒介的农作物

让我们看一看世界上依赖传粉媒介的部分主要农作物，并阐释这些农作物的重要性。

浆果

主流水果

香草和香料

坚果

主流蔬菜

热带水果

其他喜食作物

浆果

©Unsplash

草莓

🐝 主要依靠蜜蜂传粉。

% 草莓是维生素C的极好来源，并且富含抗氧化剂。

$ 2016年全球草莓市场规模达159亿美元。

蓝莓

🐝 超115种蜜蜂为其传粉。

% 富含维生素C、维生素K、纤维素和其他抗氧化剂。

$ 作为冰沙和松饼的绝佳搭配，蓝莓是一种非常热门的商品。全球蓝莓市场预计2024年将达到45亿美元。与此同时我们也不要忘记传粉者对欧洲蓝莓、欧洲越橘等野生浆果的重要性。

树莓

🐝 尽管树莓花可以进行自花传粉，但蜜蜂仍然为90% ～ 95%的树莓花传粉。

% 富含抗氧化剂、纤维素和类黄酮。

$ 据估计，全球树莓年产量为40万 ～ 50万吨，其中大部分产自俄罗斯、美国、塞尔维亚、波兰和智利。传粉者对树莓的野生表亲也很重要。

🐝 谁在传粉？　　% 营养价值　　$ 经济重要性

背景知识

主流水果

© Unsplash

苹果

🐝 蜜蜂、大黄蜂、独居蜂、食蚜蝇。

% 苹果是纤维素和维生素C的重要来源，俗话说："一天一个苹果，医生远离我"，也是有道理的。

$ 如果你不是苹果的超级粉丝，那你实属罕见。2016年，全球苹果销售额突破72亿美元。

杏

🐝 蜜蜂。

% 杏是纤维素、维生素A和抗氧化剂的良好来源。

$ 杏原产于亚洲，土耳其和伊朗是最大的出口国。预计2026年，仅杏干市场规模将达到8.36亿美元。

柑橘

🐝 蜜蜂、大黄蜂。

% 柑橘的维生素C含量超过每日人体推荐摄入量的100%，此外柑橘还富含纤维素、维生素A和钙元素。

$ 柑橘年产量约为7 660万吨，巴西、西班牙、中国和美国是柑橘的主要生产国。

🐝 谁在传粉？　　% 营养价值　　$ 经济重要性

主流水果

樱桃

蜜蜂、独居蜂、大黄蜂、苍蝇。

一杯樱桃含有约5 000种抗氧化剂。樱桃被认为有助于减轻疼痛和炎症，且富含维生素C、纤维素和钾元素。

新鲜樱桃美味可口（味道鲜美），用于制作各种食用品，如馅饼、果酱、冰淇淋、糖果和饮料。

番茄

尽管番茄主要依靠风媒传粉，但大黄蜂和木蜂等也对番茄的传粉有帮助。

番茄是"营养王国"：富含类胡萝卜素（一种抗氧化剂）、大量维生素E、维生素C以及许多其他营养素。

2018年，全球番茄市场收入达1 904亿美元。哇！这得是多少番茄……

黄瓜

蜜蜂、南瓜蜂、大黄蜂、切叶蜂。

富含维生素C、钾元素和纤维素，而且非常补水。

2016年，世界黄瓜和小黄瓜的总产量为8 060万吨，中国产量居首位，在总产量中占比接近77%。

🐝 谁在传粉？　　% 营养价值　　$ 经济重要性

背景知识

主流水果

牛油果

🐝 蜜蜂、苍蝇、蝙蝠。

% 含有近20种维生素和矿物质，也是唯一含有单不饱和脂肪（一种有益心脏健康的物质）的水果。

$ 近年来，牛油果成为世界上最流行的水果之一，也是受欢迎的"超级食品"。2016年，全球牛油果进口额达48.2亿美元。

西瓜

🐝 蜜蜂、大黄蜂、独居蜂。

% 西瓜富含瓜氨酸和番茄红素等化合物，以及维生素 C、维生素 A、钾元素和水分。西瓜籽也是健康食品，可以单独出售或食用。西瓜籽含有蛋白质、氨基酸、ω-3 和 ω-6 脂肪酸等重要营养素。

$ 西瓜原产于西非，如今世界上很多国家都种植西瓜。2017年，全球西瓜产量为1.18亿吨。

🐝 谁在传粉？   % 营养价值 $ 经济重要性

热带水果

©Unsplash

木瓜

🐝 飞蛾、鸟类、蜜蜂。

％ 木瓜是维生素C和纤维素的绝佳来源。

$ 全球大约60个国家种植木瓜，其中大部分为发展中国家。2018年，全球木瓜产量达1 360万吨。

芒果

🐝 蜜蜂、苍蝇、飞蛾。

％ 富含维生素C、纤维素和叶酸。

$ 芒果原产于南亚和东南亚，现在为全世界所享用。

番石榴

🐝 蜜蜂、无刺蜂、大黄蜂、独居蜂。

％ 维生素C、维生素A、钾元素和纤维素的良好来源。

$ 番石榴原产于墨西哥、中美洲、加勒比海和南美洲的部分地区，在世界其他热带和亚热带的众多地区也有种植。2016年，印度成为最大的番石榴生产国，产量占世界番石榴总产量的41%。

🐝 谁在传粉？　　％ 营养价值　　$ 经济重要性

背景知识

热带水果

菠萝

🐝 蜂鸟、蝙蝠、蜜蜂、菠萝甲虫。

% 富含维生素C和锰元素。

$ 菠萝风靡全球，不仅可以鲜食，还可用于制作饮料和甜点。2016年，全球菠萝市场产值达149亿美元。

椰子

🐝 昆虫和果蝠。

% 富含纤维素和多种矿物质元素。

$ 2018年，全球椰子产品市场价值为115亿美元。椰子不仅用于制作美味的零食，椰子水也可以饮用；此外，椰子还广泛用于制作其他产品，如润肤油、面霜、美发和美容产品。

🐝 谁在传粉？　　% 营养价值　　$ 经济重要性

© Unsplash

主流蔬菜

©Unsplash

洋葱

🐝 蜜蜂、苍蝇。

% 洋葱含有大量抗氧化剂和健康的植物化合物。

$ 无论在世界何处，很难找到不使用洋葱的菜肴。2018年，全球各国洋葱的出口额达35亿美元。

西蓝花

🐝 蜜蜂、独居蜂。

% 西蓝花富含维生素C和维生素K。

$ 西蓝花用途广泛，生西蓝花是一种很好的零食，此外，西蓝花还可以煲汤、翻炒或蒸煮。2017年，全球西兰花（加上花椰菜）产量为2 600万吨。

🐝 谁在传粉？　% 营养价值　$ 经济重要性

背景知识

青年与联合国全球联盟学习和行动系列

主流蔬菜

南瓜

🐝 蜜蜂、南瓜蜂、大黄蜂、独居蜂。

% 品种不同的南瓜益处各异，可预防癌症、减少炎症、降低血压和增强免疫系统。

$ 南瓜家族种类繁多，包括胡桃南瓜、橡子南瓜、倭瓜、葫芦和西葫芦（又称绿皮西葫芦）。2017年，全世界各类南瓜总产量达2 744万吨。

秋葵

🐝 蜜蜂、独居蜂。

% 秋葵富含镁、叶酸、纤维素和维生素C等抗氧化剂。

$ 秋葵也被称为"淑女的手指"（并不是说我们见过有女士长着这种形状的手指），主要种植在印度、尼日利亚、苏丹、巴基斯坦、加纳和埃及。

🐝 谁在传粉？   % 营养价值 $ 经济重要性

主流蔬菜

萝卜

🐝 蜜蜂、独居蜂、苍蝇。

% 萝卜富含纤维素和多种维生素，以及锰、钾、铁、钙等矿物质。

$ 2018年，萝卜和胡萝卜的全球产量为4 430万吨。快来与我们分享你最喜欢的萝卜食谱吧！

甘蓝

🐝 蜜蜂和其他昆虫。

% 甘蓝富含维生素C、维生素K、维生素B_6、叶酸、钙和锰等营养物质。

$ 2018年，全球甘蓝市场收入达394亿美元。

柿子椒

🐝 蜜蜂、无刺蜂、大黄蜂、食蚜蝇。

% 柿子椒是维生素A、维生素C、钾元素、叶酸和纤维素的重要来源。

$ 2018年，出口的柿子椒和红辣椒的国际销售额总计达55亿美元。

🐝 谁在传粉？　% 营养价值　$ 经济重要性

©Unsplash

坚果

杏仁

🐝 蜜蜂。

% 杏仁富含蛋白质、纤维素和维生素E。

$ 杏仁产业价值高达数十亿美元，其产品包括以生杏仁为原料制作的零食、杏仁奶以及护发和护肤产品。

腰果

🐝 蜜蜂、无刺蜂、大黄蜂、蝴蝶、苍蝇、蜂鸟。

% 腰果富含维生素、矿物质和抗氧化剂，包括维生素E、维生素K、维生素B_6、铜、磷、锌和铁。

$ 不论是咸味、烘烤还是原味，腰果都是一种非常受欢迎的零食小吃。2018年，全球腰果市场达990万美元。

🐝 谁在传粉？　　% 营养价值　　$ 经济重要性

©Unsplash

香草和香料

小豆蔻

🐝 蜜蜂、独居蜂。

% 小豆蔻是钾和钙的良好来源，还有助于消除炎症。

$ 小豆蔻是世界上第三贵的香料，在南亚烹饪中被大量使用，甚至还被用作热茶的调味品。

薰衣草

🐝 蜜蜂、蜂鸟、蝴蝶。

% 薰衣草可作为茶和油的添加剂，还可以用于缓解焦虑、失眠、护肤和美容，并促进消化和减缓头痛。

$ 2017年，仅薰衣草油的全球市场价值就达3 376万美元。

香菜

🐝 蜜蜂、无刺蜂、独居蜂。

% 香菜是膳食纤维、锰、铁和镁的重要来源。香菜还富含维生素C、维生素K和蛋白质，并含有少量钙、磷、钾、硫胺素、烟酸和胡萝卜素。

$ 香菜也称为芫荽，这种味道鲜美的香草常被用作点缀菜品，尤其是在拉丁美洲和南亚的一些国家。此外，香菜籽也是众多菜肴的调味品。

🐝 谁在传粉？　　% 营养价值　　$ 经济重要性

香草和香料

多香果

🐝 蜜蜂、独居蜂（包括汗蜂）。

％ 多香果富含维生素 A、维生素 B_6、核黄素和维生素 C。

$ 从咖喱到甜点，世界各地都使用多香果。

🐝 谁在传粉？　　％ 营养价值　　$ 经济重要性

© Unsplash

©Unsplash

其他喜食作物

可可豆

🐝 蠓（小苍蝇）、无刺蜜蜂。

% 由可可豆制成的黑巧克力是抗氧化剂的重要来源，黑巧克力还富含纤维素、铁、镁和健康脂肪。

$ 巧克力享誉世界。到2024年，全球巧克力市场预计将达到1 610亿美元。

咖啡豆

🐝 蜜蜂、苍蝇。

% 增强能量。咖啡豆含有抗氧化剂。

$ 咖啡豆是世界上贸易量最大的农产品之一：仅2017年，咖啡豆出口量占总产量的70%，价值达190亿美元。

🐝 谁在传粉？　　% 营养价值　　$ 经济重要性

© Unsplash

背景知识

青年与联合国全球联盟学习和行动系列

传粉宠物

这些小传粉者可能不像小狗那样可爱，但是，它们是更有用的宠物……

你是否知道养蜂的历史可以追溯到 9 000 年前？科学家们认为，史前人类可能已经驯化了野蜂，并采集蜂蜜和蜂蜡作为药材和食物。例如，他们用蜂蜡制成不透水的罐子，将蜂蜜作为甜味剂食用。

如今，全世界有数百万人饲养蜜蜂，主要包括以下几种：西方蜜蜂（*Apis mellifera*）、东方蜜蜂（*Apis cerana*）、大黄蜂、无刺蜂和部分独居蜂。蜜蜂是世界上分布最广且可以进行人工管理的传粉者，世界范围内约有 8 100 万个蜂箱，蜂蜜年产量约 160 万吨（资料来源：联合国环境署）。

© AdobeStock/Antonio

人工管理蜜蜂的地域不受限制，例如在传粉媒介不足的地区或在温室中均可以设置养蜂点，以促进植物茁壮成长。管理蜜蜂的人被称为养蜂人或蜂农（养蜂专家）。养蜂或养蜂业是指与维持群居蜜蜂（具有社会性特征）相关的一系列活动。养蜂可以为众多农村地区和小农场提供收入来源，维持农民生计。此外，还有蜂农饲养无刺蜂。养蜂业本身有众多好处：

* 养蜂有助于繁衍数量庞大且健康的蜜蜂种群，并成功促进传粉。因此，养蜂是保护蜜蜂种群（当前蜜蜂陷入困境，之后章节会详细介绍）和确保有效传粉的好方法。

* 养蜂人可以收获蜂蜜，可自用、销售。

* 养蜂人还可以制作其他蜜蜂产品，包括蜂花粉、蜂蜡和蜂王浆。

* 蜂农通过种植树木、保护树木，为蜜蜂提供天然栖息地，这也有利于保护环境。

然而，画面并不都是甜蜜的。越来越多的证据表明，养殖蜜蜂会给本地野生传粉者造成棘手的局面。根据国家地理学会的说法："当鲜花盛开时，会有大量的花粉可供养殖蜜蜂和野生蜜蜂采食。但在许多地方或者当果园停止开花时，养殖蜜蜂会与野生蜜蜂争夺食物，往往使野生蜜蜂更难生存。"

➕→ 点击以下链接，获取更多知识：**https://blog.education.nationalgeographic.org/ 2018/01/29/honeybees-help-farmers-but-they-dont-help-the-environment**

背景知识

蜂产品示例

以下是养蜂业中的主要蜂产品：

蜂蜜

我们都知道蜂蜜，也喜欢蜂蜜。本书有专门章节来介绍蜂蜜。

蜂花粉

蜂花粉是群居蜜蜂采食花朵时形成的花粉团，随之将这些花粉团存放在腿上的囊袋中并带回蜂巢，存储在蜂窝中，用以喂养蜂群。蜂花粉是蜜蜂唾液、花粉和花蜜的混合物，含有多种维生素、矿物质和抗氧化剂。相关研究表明蜂花粉具有多种健康益处，例如减少炎症、提高免疫力、促进伤口愈合。 蜂农也会收集蜂花粉用于市场销售。

蜂蜡

这是由蜜蜂生成的天然蜡，既可以形成巢房，储存蜂蜜；又可以保护蜂巢中的幼虫。人们收集蜂蜡并制造各种美容产品，例如润唇膏和护手霜。此外，蜂蜡还可用于治愈破损的皮肤或用作消炎药，抑或制作蜡烛。

蜂王浆

蜂王浆是蜜蜂的分泌物，用于滋养幼虫和蜂王。蜂王浆通常作为膳食补剂出售，用于治疗各种身体不适和慢性疾病。

蜂胶

蜂胶是蜜蜂通过将唾液、蜂蜡与结球果树的树液或树脂混合制成。蜂胶的药用历史悠久，可追溯到公元前350年！古往今来，人们一直使用蜂胶来治疗脓肿、愈合伤口和肿瘤，以及治疗轻微烧伤。

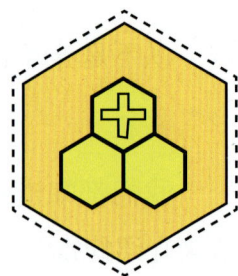

天然抗生素

根据最近研究，Api137 是一种由蜜蜂、黄蜂和大黄蜂生成的天然产物，也是一种抗菌化合物，可用于研发新的抗生素。

© Unsplash

背景知识

蜂蜜如何酿造？

蜜蜂采花时用喙吸食并收集花蜜，其间可能还会采集到蜜露（含糖沉积物），这些蜜露是由蚜虫和一些以植物汁液为食的介壳虫排出的。蜜蜂将花蜜储存在蜜胃中，该胃与食物胃是分开的。当花蜜满载时，蜜蜂会返回蜂巢，将其传递给其他工蜂，此时工蜂大约耗时半小时进行加工处理。经过从蜜蜂到蜜蜂的采集、传递和酿造，直到花蜜与蜜蜂体内的转化酶混合并慢慢变成蜂蜜；然后蜜蜂将蜂蜜储存在巢房中，巢房用蜜蜡制成，形似小罐子。此时，蜂蜜还沾有些许蜜汁，于是蜜蜂就扇动翅膀使蜜汁浓缩，从而使蜂蜜更具黏性。当这一酿造过程完成后，蜜蜂会用蜂蜡将巢房封上盖，以保持蜂蜜的清洁。不过，蜜蜂每次酿造的蜂蜜量有限。

仅一茶匙的蜂蜜就需要至少8只蜜蜂穷其一生来酿造。

© Unsplash

蜂蜜含有什么？

现在你知道了吧，蜜蜂酿蜜得付出多少艰苦的劳动！接下来我们将更多了解这种"黄金物质"（蜂蜜）的相关信息：

* 蜂蜜含有许多重要的抗氧化剂，而这些抗氧化剂可降低罹患心脏病、中风甚至各类癌症的风险。
* 蜂蜜具有抗菌特性，并且含有过氧化氢（一种防腐剂），因此可用于治疗伤口。
* 蜂蜜含有多种酶，有助于更好地促进食物消化。
* 蜂蜜有助于治疗胃疾、舒缓喉咙疼痛。
* 蜂蜜还可作为甜味剂，广泛用于茶饮、甜点和其他食品，是一种比糖更健康的选择。

种类多样的蜂蜜

蜂采百花酿甜蜜，正因此蜂蜜的颜色和味道各有不同。一旦你成为真正的蜂蜜鉴赏家，品尝不同种类的蜂蜜时，你也许能够鉴别其差异。例如，荞麦蜜颜色深而厚重，而橙花蜜色浅味甜。其他广泛食用的蜂蜜包括三叶草蜂蜜、竹蜂蜜、野花蜂蜜、黄花蜂蜜、鼠尾草蜂蜜和麦卢卡蜂蜜。你的居住地有哪些蜂蜜？味道如何？你能鉴别出不同品种蜂蜜间的区别吗？

➕→ 详见本手册**活动清单**7，更多了解如何挑选蜂蜜。

世界范围内单一花种蜂蜜种类超300种。

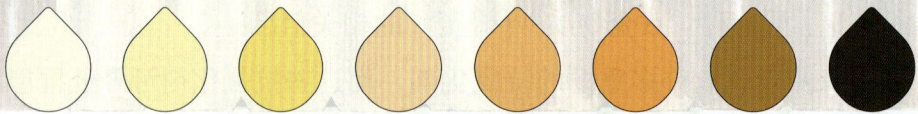

蜂蜜的颜色变化区间——从水白色到深棕色/黑色。

© Wikimedia Commons/Thesupermat

Fiddle-de-dee, fiddle-de-dee, the fly has married the bumblebee!

　　你可能没听过这首老旧的童谣，但你也许听过一些以传粉者为主题的诗歌、歌曲或民间故事。传粉者对人类意义重大，已远远超出了其改善食物系统的能力。古往今来，传粉者都让人着迷，这体现在我们的艺术、文学、音乐中。生物多样性和生态系统服务政府间科学政策平台（IPBES）对传粉者如此表述：

　　"来自传粉者的艺术灵感、文学灵感和宗教灵感体现在以下方面：流行音乐和古典音乐（例如 Slim Harpo 的 *I'm a King Bee*，Rimsky-Korsakov 的 *the flight of the Bumblebee*）；玛雅手抄本中关于蜜蜂的神圣段落（例如无刺蜜蜂）；《古兰经》中的 Surat An-Naĥl、梵蒂冈教皇乌尔班八世的三只蜜蜂图案，以及来自印度教、佛教和中国传统文化（如庄子）中的神圣段落。此外，一些技术设计的启发也源自传粉者，如机器人的视觉引导飞行、当今一些业余昆虫学家使用的10米伸缩网。"

哪些传粉媒介在你的文化中很重要？

你的文化中是否有以传粉者为主题的书目、音乐或艺术，你能想到吗？

为什么这个传粉者在你的居住地如此重要？

2.2 传粉者与可持续发展目标

传粉者似乎不只让我们饱腹，还提供一系列其他服务，包括助力我们实现可持续发展目标，接下来我们探索几个重要的目标。

维持人体健康

如上所述，如果没有传粉者，众多营养丰富、富含微量营养素的食物，如水果、蔬菜、种子、坚果和（植物）油，就不复存在。事实上，如果没有传粉者，我们的饮食将受到严重限制，也更难获得维持健康所需的各种维生素和矿物质。甚至牛奶也取决于传粉者！正是借助传粉者，三叶草和紫花苜蓿方可正常生长，也为奶牛生长提供了饲料，因此，如果没有传粉者，牛奶和奶酪也会相应减少。

通过帮助我们获得营养，传粉者在**良好健康与福祉（目标3）**方面得分很高。

维护地球健康

传粉者通过对种子植物传粉，维护着生态系统（如雨林、红树林、草原和林地）的健康和平衡。高山森林中由于气温过低，大部分蜜蜂活动受限，此时蝙蝠这类传粉者在植物传粉中发挥着巨大的作用。此外，一些传粉者在地下挖洞的过程中会混合土壤养分、改善植物根部周围的水流，从而帮助提升土壤质量。

通过保护我们的星球，传粉者在**气候行动（目标13）**和**陆地生物（目标15）**方面得分很高。

维系农民生计

一些依靠传粉媒介生长的农作物，例如可可和咖啡，为发展中国家的小农户和家庭农场主提供了重要的收入来源。此外，正如目前所知，传粉者的重要性也体现在为我们提供了许多植物衍生品，如药物、纤维、种子、坚果和油。根据IPBES（2016年）的报告："……抗菌、抗真菌和抗糖尿病的药物均来自蜂蜜；麻风树油、棉花和桉树分别是典型的生物燃料、纤维和木材来源，而三者均依赖传粉媒介；蜂蜡可用于保养精美的乐器。"这些只是部分例子，但已表明了传粉者的重要性，尤其是依靠传粉者制造出不同的植物衍生品，以维持农民的生计。此外，传粉者为全球粮食年产量带来的服务价值可达2 350亿～5 770亿美元。

通过帮助增加收入，传粉者在无贫穷（目标1）、体面工作和经济增长（目标8）方面得分很高。

对比之下，我们人类感到惭愧汗颜……

传粉者所做的一切使我们人类看起来像明显的后进生。我们可能永远不会像传粉者那样有用，但至少我们可以重视和保护它们，以支持和促进传粉者完成重要工作。因为令人可悲的是，传粉者正面临着许多危险和挑战，其中一些甚至可能会从此消亡。

我们将在下一章中了解更多相关信息。

© Wikimedia Commons/Louise Docker

第三章

关注蜜蜂

下面一些消息可能会刺痛你：众多传粉者如昆虫等无脊椎动物以及鸟类、哺乳动物等脊椎动物，都遇到了麻烦！

全球范围内
16.5%
的脊椎动物类传粉者遭受着灭绝的威胁。

+40%
的无脊椎动物——昆虫类传粉者（尤其是蜜蜂和蝴蝶）——面临着消亡的考验。

资料来源：联合国教科文组织（UNESCO）

全球野生传粉者的确切状况尚不清楚。根据我们掌握的数据，西北欧和北美的野生传粉者数量在本地和区域层面正在减少。拉丁美洲、非洲、亚洲和大洋洲的野生传粉者可用数据较少，但已记录到局部数量呈下降趋势。我们迫切需要完善监测机制，以了解世界各地传粉者的状况和趋势［资料来源：生物多样性和生态系统服务政府间科学政策平台（IPBES）］。

不过，为什么呢？

与地球母亲面临的大多数问题一样，我们人类要负主要责任。

人类活动已严重改变了地球上**75%**的陆地环境。

资料来源：IPBES，2019

3.1　传粉者陷入困境

接下来快速浏览哪些人类活动在伤害着我们的传粉者朋友。

土地利用方式的改变与栖息地的丧失。传粉者依赖富含花蜜和花粉的多样性景观来生存和筑巢，而导致其消失的最大原因之一是人类为满足自身需求对自然景观的利用和改造方式。例如，在许多地方，人们正在重新改造半自然和自然栖息地（包括森林），代之以种植庄稼和放牧牲畜，这一行为也直接减少了花粉来源和筑巢栖息地。

农药。人们使用农药来控制不需要的植物、昆虫、啮齿动物或疾病。农药类型繁多，但杀虫剂对传粉者的危害最大。某些类型的杀虫剂会严重损害传粉者的神经系统，导致传粉者死亡或严重影响其行为方式。在传粉者活跃的开花期喷洒农药尤为如此，而且大风天气导致农药喷雾漂散，直接损害周围地区的昆虫种群。

© AdobeStock/dusanpetkovic1

病虫害。所有的动物和昆虫都可能患病或感染疾病。例如,当蜜蜂外出觅食花粉和花蜜时,可能会携带有害生物并带回蜂巢,导致整个蜂群生病,影响蜂群健康。对于人工管理的传粉者,大规模繁殖和运输也会增加它们感染疾病或寄生虫的风险。更好地监管相关贸易和正确使用传粉媒介,有助于防止疾病在人工管理的传粉者和野生种群之间传播。更加重视卫生以及加强对有害病原体和寄生虫的控制也很重要。

污染。昆虫类传粉者在一定程度上借助花朵的气味来定位花朵,但空气污染会影响这种气味,导致蜜蜂和其他昆虫更难找到自身喜欢光顾的花朵。这也导致传粉者和开花植物的数量都相应减少,因为一方在努力寻找食物而另一方却没有得到充分授粉。

背景知识

青年与联合国全球联盟学习和行动系列

外来入侵物种。此类植物和动物并非原产于某个地区，而是被无意或有意引入该地区的。这些外来物种通常会破坏现有生态系统的平衡，损害本地土生植物和动物物种。例如，许多传粉者与其采食的植物共同进化，但是这些传粉者有时却无法从外来植物上获得所需，因为传粉者到访外来植物寻找花蜜是徒劳的，最终结果往往是帮助外来植物完成了授粉而没有为自身带来任何好处。入侵动物物种通常是寄生虫或携带病原体，而这些病原体会严重削减传粉者的数量。

恐怖电影的内容——如果易受惊吓，请不要阅读此内容

好像蜜蜂还不够担忧，而亚洲大黄蜂却正在行动。2020 年春季，这种昆虫在北美和欧洲被发现，遂之引起了养蜂人的恐惧。这种大黄蜂，学名 *Vespa mandarinia*（在欧洲称为 *Vespa velutina*），会闯入蜂巢，撕咬掉大群蜜蜂的头，恶毒攻击蜜蜂群。警告你不要读这个。这种恶行也为它冠以"杀手大黄蜂"的绰号，不管怎样，希望科学家和养蜂人能想出办法阻止它继续扩散，避免其进入新的领域。

© Wikimedia Commons/
Tarabagani(CC by 4.0)

© Unsplash

农药的影响

全球每年的农药使用量超23亿千克，主要用于庄稼种植、森林和牧场管理、疾病控制，以及用于家庭、草坪、花园、高尔夫球场和其他私人财产的维护。

资料来源：史密森学会（Smithsonian Institution），2019

23
亿千克

蜥蜴，包括壁虎等授粉物种，可能因食用喷过杀虫剂的昆虫而中毒，活动能力被削弱，更易遭受捕食者的攻击。杀虫剂的使用也会影响蜥蜴的繁殖，还会导致其食不果腹。

背景知识

每年有数百万只小鸟死于食用喷过农药的昆虫或（喷过农药的）植物的种子。即使鸟儿摄入的杀虫剂不足以致命，但少量杀虫剂也会导致其食量下降、体重减轻、变得昏昏欲睡并且无法照顾幼鸟。此外，杀虫剂还会导致鸟蛋的产量、受精率或孵化率下降。

与其他食虫传粉者一样，研究表明蝙蝠对杀虫剂高度敏感。摄入杀虫剂会损害蝙蝠的神经系统和觅食能力。杀虫剂还会损害蝙蝠的免疫系统，导致患病。

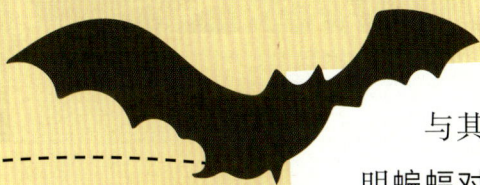

除草剂的使用会伤害食草传粉者。例如，当帝王蝶还是毛毛虫时，它们只以乳草为食。而喷洒除草剂会破坏乳草，科学家们据此认为乳草的消失正导致帝王蝶数量的下降。

你知道吗？

其实有许多对传粉媒介无害的杀虫剂替代品。许多商店会销售有机或环保农药替代品。你甚至可以在家里自制。如需了解更多信息，请访问：**www.rd.com/home/gardening/make-own nontoxic-pesticides**

种植自然驱虫植物是另一个不错的选择，这种方法会用在有机农业中，从而避免使用合成杀虫剂。例如，可以种植大蒜来防止蚜虫或种植罗勒来保护番茄。维持土壤健康也异常重要，这可以增强植物的免疫系统，帮助植物对抗害虫。此外，根据美国国家环境保护局的说法，其实有很多动物和虫子可以帮助消除害虫："北美洲紫燕和其他鸟类是有益的昆虫捕食者；蝙蝠一晚就可以吃掉成千上万只昆虫；瓢虫及其幼虫捕食蚜虫、水蜡虫、白粉虱和螨虫。其他有益的节肢动物包括蜘蛛、蜈蚣、步甲虫、草蛉、蜻蜓、大眼虫和蚂蚁……你也可以购买、释放此类捕食性昆虫。"

背景知识

©粮农组织

害虫综合治理

害虫综合治理（IPM）是一种采用全局性方法来预防害虫的系统，它涉及对整个生态系统的管理，并融合不同的方法，以种植健康的农作物且尽量减少农药的使用。联合国粮农组织将IPM作为首选的作物保护方法进行推广，并将其视为可持续作物种植和降低农药风险的支柱。例如，在IPM实践中，会采取措施确保种植的作物能够抵御害虫袭击，维持农作物的健康；种植抗病植物；引进有益昆虫帮助控制害虫；或改善土壤条件促进植物更茁壮地生长。混养农业，不同于单一栽培（只种植一种作物，例如玉米或大豆），而是多种作物一起种植。混养农业对害虫的抵抗力更强，而且经常会引来害虫的天敌帮助对付害虫。

"不是简单地消灭你所看到的害虫，采用IPM意味着你将研究影响害虫及其繁殖能力的环境因素。掌握了这些信息，你就可以创造对害虫不利的条件。"

资料来源：ipm.ucanr.edu

气候变化。全球变暖、气温波动、极端天气以及干旱、洪水等致灾因子正在损害传粉者及其栖息地。气候变化也改变着开花模式，导致正常授粉的紊乱。最近的一项研究中，科学家们得出结论，"由于气温升高和极端温度的频繁出现，欧洲和北美洲的大黄蜂数量在急剧减少"。用该团队中一位科学家的话来讲："我们对于气候变化导致大黄蜂数量锐减的程度感到惊讶。研究结果表明，如果未来几年气候变化加速，大黄蜂数量的下降幅度可能会更大，这表明如果我们要保护大黄蜂的多样性，就需要付出巨大努力来减缓气候变化。"

资料来源：www.theguardian.com/environment/2020/feb/06/bumblebees-decline-points-to-mass-extinction-study?utm_term=Autofeed&CMP=twt_gu&utm_medium=&utm_source=Twitter#Echobox=1581016921

人类消费模式。地球为我们提供了丰富的自然资源。但我们没有负责任地使用资源，当前人类消耗资源的速度远远超出了地球所能提供的速度。例如，森林砍伐速度如此之快，以至于每分钟消失的森林面积相当于五个足球场那么大。我们必须学会如何可持续地使用能源和生产资源，从而消除我们对地球造成的伤害（资料来源：**globalgoals. org**）。地球变得更健康意味着传粉者也会变得更健康。

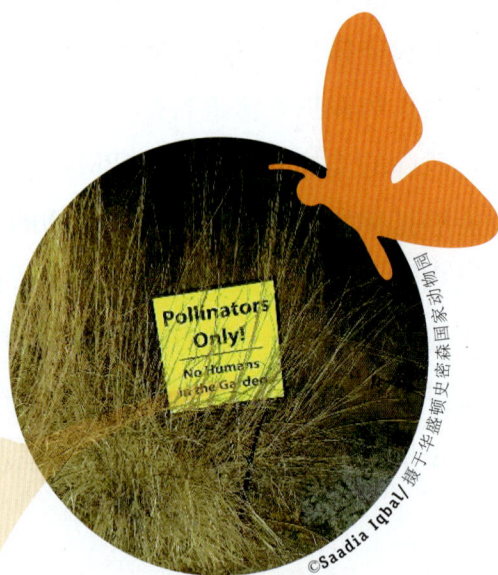
©Saadia Iqbal/摄于华盛顿史密森国家动物园

© Unsplash

© Depositphotos/ABBPhoto

© Wikimedia Commons/Tarabagani(CC BY 4.0)

复杂的相互作用

　　上述因素相互关联。例如，气候变化会增加外来入侵物种，而人类消费的增加会引发土地利用方式的持续变化。很难清晰地确定每一个单独因素对传粉者的影响，因为其中许多因素同时发生并且还可能相互触发。总的来说，自然界存在着复杂而微妙的相互联系，很难单独地进行分析。

© Unsplash

© Unsplash

© Unsplash

一些好消息！

在本徽章手册的创作过程中，为防止新型冠状病毒（COVID-19）传播，我们正处于全球停工期。COVID-19已在世界各地造成巨大痛苦和众多死亡病例。但另一方面也带来一线曙光，那就是蜜蜂的生活环境正在改善！这主要得益于以下三个原因：

1. 新冠疫情期间许多人居家，空气污染大幅降低，使得蜜蜂更易寻觅附近的花朵，而不会因空气污染影响其觅食的能力。

2. 死于机动车辆的蜜蜂越来越少。你知道吗，北美洲每年通常约有240亿只蜜蜂和黄蜂会被道路上行驶的车辆杀死？

3. 至少在英国，维护路边草坪和植物的工作相应变少，花卉面积和茂密栖息地借此增加，可能也为蜜蜂和其他传粉者提供了更多资源。

当然，为了能够延续这些积极影响，我们也需要在解封之后继续保护自然。

资料来源：www.bbc.com/future/article/20200506-why-lockdown-is-helpingbees?ocid=ww.social.link.email

© Unsplash

背景知识

© Wikimedia Commons/Laitche

蜜蜂得到了关注，但其他传粉者依然陷入困境

* 最近的一项研究发现，当脊椎动物而非昆虫远离植物时，水果和种子产量平均下降63%。

* 鸟儿是最大的脊椎动物传粉群体，已知有920多种鸟类为全球植物传粉。

* 世界自然保护联盟（IUCN）将24种蝙蝠列为极危物种，53种列为濒危物种，104 种列为易危物种。事实上，你可否知道蝙蝠是世界上最濒危的物种之一？这主要是因为人类在发展过程中破坏了蝙蝠的大部分栖息地。全球范围内，蝙蝠传粉的植物约有528种。

© Unsplash

* 自20世纪90年代以来，帝王蝶的数量减少了约90%。在美国和墨西哥，帝王蝶面临着栖息地的丧失和破碎。

* 总体而言，鸟类传粉者和哺乳动物传粉者的生存状况在不断恶化，在数量上，走向灭绝的物种多于远离灭绝威胁的物种。

* 飞蛾是夜间重要的传粉者，其数量也正在减少，被列为濒危物种的飞蛾和蝴蝶已达51种。

© Unsplash

3.2 没有传粉者的生活

想象一下没有巧克力、浆果、杏仁、苹果和牛油果的生活！

任意挑选一种你喜欢的植物果实，很可能该果实就得依赖传粉者来提高产量和质量。一旦失去这些喜欢花蜜的小生物，不仅美味食物的获得无法保证，而且实现可持续发展目标的道路也变得困难重重，世界也因此将变得非常凄凉。

背景知识

© Unsplash

青年与联合国全球联盟学习和行动系列

营养不良。科学家们认为，传粉者的持续丧失可能会损害发展中国家数百万人的营养健康，因为发展中国家居民的饮食往往严重依赖经传粉媒介授粉的食物。

收入减少。世界范围内部分农民依赖传粉者种植庄稼，而传粉者的减少可能意味着这些农民失去收入。众多蜂农为商业农场主提供传粉服务，同样传粉者的丧失也会损害蜂农的利益。更不用说传粉者每年会创造数十亿美元的工作价值了。

生活质量下降。没有传粉者，我们还将失去许多植物衍生产品，例如药物、纤维和植物油。

生态系统遭破坏。由于无法帮助植物繁殖，传粉者的灭绝将破坏整个生态系统。众多植物物种将消失，意味着许多生物栖息地将丧失。植物减少还可能导致土壤侵蚀加剧和固碳能力的下降，这将影响到我们所有人。

按数量计算，至少部分依赖动物传粉的农作物在全球粮食产量中占比35%，支撑着全球87种主要粮食作物的生产，并且在供应人类消费微量营养元素方面尤为重要。例如，超90%的可用维生素C和超70%的可用维生素A需要此类农作物提供。更多详情请阅读《世界粮食和农业生物多样性概况》（下载链接：https://doi.org/10.4060/CA3129EN）。

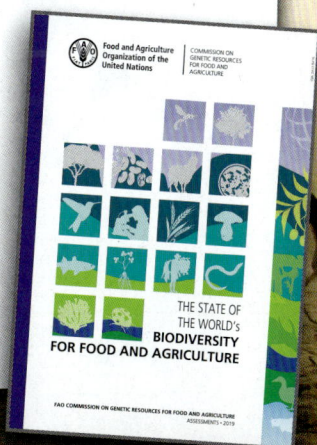

第四章

行动起来

地球上的所有动物、鸟类、昆虫、植物和其他生命体都拥有基本的生存权，包括传粉者。因此，我们应该保护传粉者，防止其消失。

　　传粉者陷入困境这一事实令人悲伤，但现在扭转局面还为时不晚。国际社会已认识到传粉者的重要性，正采取诸多措施来拯救它们。此外，我们每个人在日常生活中也可以为此做很多事情。在本章中，我们将了解为保护传粉者所做的工作以及更多可以做的工作。

4.1 保护世界上的传粉者

众多科学家都在国际报告中关注传粉者。高层组织的领导在呼吁民众伸出援助之手。政府、决策者、知名人士和专家也都在支持保护传粉者这项事业。尽管大多数传粉者体型渺小，但却能在世界舞台上大显身手！让我们更多地了解以传粉者名义所开展的工作吧。

传粉者和斯洛文尼亚有何渊源？

你知道5月20日是"世界蜜蜂日"吗？世界蜜蜂日的设立旨在庆祝、感恩蜜蜂并呼吁人们采取行动拯救蜜蜂。为此，我们要感谢斯洛文尼亚和众多其他国家。为何？因为斯洛文尼亚养蜂业历史悠久，18世纪斯洛文尼亚著名的蜜蜂专家安东·扬沙（Anton Janša）的生日即为世界蜜蜂日。据统计，每200个斯洛文尼亚人中就有一位从事养蜂。斯洛文尼亚也是首个对蜜蜂实行法律保护的欧盟成员国。

➕→ 点击链接，详细了解斯洛文尼亚长期以来对蜜蜂的热爱：
www.slovenia.info/en/stories/celebrate-world-bee day-with-us

传粉者面临的问题及其解决方案

传粉者面临的问题（一）

传粉者的消失

　　传粉者正在消失这一事实令人恐惧，亟须应对。 具体应对措施包括：

* 保护传粉者，维持传粉者的多样性；

* 更好地保护栖息地，采用可持续的农业生产方法；

* 安全使用杀虫剂，采用虫害综合治理（IPM）方法，选择使用杀虫剂的替代方法；

* 应对气候变化问题（参阅《气候变化挑战徽章训练手册》了解更多信息：www.fao.org/3/a-i5216e.pdf）。

有人从事这一工作吗？

　　是的！ 许多组织和项目正在积极采取行动，包括：

　　联合国粮农组织：倡导在农业实践中采用有益于保护传粉者的做法；向成员提供技术援助。联合国粮农组织粮食和农业遗传资源委员会是唯一专门处理粮食和农业生物多样性问题的常设政府间机构。

生物多样性和生态系统服务政府间科学政策平台（IPBES）：为政府、私营部门和民间团体提供科学性评估和知识评估，助其在地方、国家和国际层面做出明智的决策。

《生物多样性公约》（CBD）：促进"保护和可持续利用传粉者"相关政策的实施；解决传粉者信息缺乏的问题；支持就传粉者的状况和趋势开展监测和评估；保护传粉者的数量和多样性。

国际养蜂工作者协会联合会（Apimondia）：旨在促进可持续养蜂业的发展，并与其他国际组织合作对抗滥用杀虫剂，以及研究改善蜜蜂健康和繁殖力的方法。

联合国教育、科学及文化组织（UNESCO）：助力科学理解传粉者所发挥的关键作用，以及学习授粉和传粉者本土知识的必要性。

© 粮农组织/全球重要农业文化遗产秘书处

传粉者面临的问题（二）

没有充足的数据和信息

　　帮助传粉者的首要步骤之一是跟进传粉者的数量并关注其数量变化对地球造成的影响。具体跟进内容包括：

* 传粉者面临的威胁；
* 传粉者数量的减少（包括传粉者基数，世界许多地方甚至没有基数信息统计）；
* 传粉者对经济和生计的影响；
* 传粉者对生态系统的影响。

有人从事这一工作吗？

　　是的！有几个很不错的项目在跟进传粉者的状况：

* SUPER-B——欧洲可持续传粉项目
* COLOSS——防止蜜蜂群体消失
* 欧盟蜜蜂伙伴关系
* PoshBee——泛欧蜜蜂健康评估、监测和应激源缓解
* 欧盟传粉媒介监测计划
* 欧盟传粉者信息蜂巢——EC Public Wiki（**europa.eu**）

高科技蜜蜂

　　科学家们正在研究机器蜜蜂的可能性，用昆虫大小的无人机进行人工授粉。虽然这听起来可能很酷，但我们希望蜜蜂能永远留在花朵的旁边，毕竟有蜜蜂我们就不需要投放机器蜜蜂……

传粉者面临的问题（三）

不知道如何改善农业种植方法来保护传粉者

安全可持续的农业种植办法将保护传粉者的生存环境，可以极大帮助传粉者。这种实践包括栽种本地开花植物，不使用农药或减少杀虫剂的使用量，增加农作物品种的多样性，增强景观的连通性，尽量减少耕作以保护筑巢地。我们还致力于增强农民的保护意识，帮助农民知晓可供选择的方法。具体措施包括：

* 培训农民学会如何开展可持续农业实践，从而创造健康的生态系统并保护生物多样性；

* 专门培训农民如何保护传粉者并促进传粉者的繁育。

有人从事这一工作吗？

是的！联合国粮农组织等相关组织正在帮助农民了解如何使自己的农田对传粉者更加友好。

©粮农组织 GIAHS Secretariat

传粉者面临的问题（四）
没有出台足够多的对传粉者友好的政策

需要出台强有力的法规来保护传粉者，例如通过促进虫害安全防控和限制杀虫剂的使用。

有人从事这一工作吗？

是的！ 联合国粮农组织、IPBES 和CBD等组织正立足各知识领域，提供相关证据和关于传粉者的重要发现，努力改变现有政策，以帮助我们乐于助人的传粉者朋友们。

专家们制定了一份"昆虫恢复路线图"，呼吁全世界"根除杀虫剂的使用，优先采用基于自然的耕作方法，并亟须减少水、光和噪声污染，以挽救数量急剧下降的昆虫群体"。点击链接，了解更多：**www.nature.com/articles/s41559-019-1079-8**

几个国家最近制订了昆虫和传粉者保护计划，包括在田间留下条带状花田，增加传粉者栖息地的多样性及其筑巢和觅食的资源。

背景知识

© Unsplash

欧洲传粉者的好消息

2018年6月1日，欧盟委员会公布了一项欧盟传粉者倡议。该倡议制定了战略目标和一系列欧盟及其成员国将采取的行动方案，以解决欧盟传粉者数量减少的问题并为全球传粉者保护工作做出贡献。该倡议主张用综合方法解决问题，提倡更有效地利用现有工具和政策。该倡议侧重以下三个优先事项：

* 着重了解传粉者数量的下降、相关原因和后果；
* 着重解决导致传粉者数量下降的因素；
* 增强民众意识，动员全社会参与保护传粉者，促进合作。

⊕→ 点击链接，了解更多：**ec.europa.eu/environment/nature/conservation/species/pollinators/index_en.htm**

你知道吗？

有一项倡议即《国际传粉者倡议》，旨在促进全球行动的协调一致，监测传粉者数量的减少、鉴定相关实践，为可持续农业的发展而保护和管理传粉服务。该倡议还旨在通过更好地保护、恢复和可持续利用传粉者来改善粮食安全、营养水平和生计状况。

传粉者面临的问题（五）

在拥有本土蜜蜂品种的国家，养蜂业发展不充分

虽然这项保护活动专门围绕蜜蜂展开，但却是一项非常重要的活动。养蜂业可以保护并增加蜜蜂种群的数量，为整体授粉服务做出贡献。但是，当一个地区的本土蜜蜂数量不多时，请务必记住养蜂业会对本地野生传粉者构成威胁。

发展养蜂业的具体措施包括：

★ 将现代技术引入养蜂和保护传粉者的工作中；

★ 在微观层面促进城市和城郊养蜂业的发展；

★ 在学校和农村社区推广养蜂业。

有人从事这一工作吗？

是的！Apimondia等组织通过提供养蜂信息、开展培训，旨在帮助所有人参与养蜂业，实现养蜂业的可持续发展。大多数国家和地区也有自己的地方组织来支持蜂农。世界各地众多城市都在推广"蜜蜂天堂"，这意味着他们致力于创造能够增加蜜蜂种群数量并帮助蜜蜂茁壮成长的环境条件。总的来说，此类行动不是旨在促进养蜂业本身的发展，而是保持较高的养蜂能力来获得收入并确保授粉服务。

背景知识

4.2 你可以有所作为

是时候采取行动来保护蜜蜂和其他传粉者了，从选择更环保的生活方式到采取公民行动，为此你可以做很多事情。你可以宣传世界蜜蜂日，可以在社区、学校及国家层面来倡导保护传粉者。

4.2.1 保护传粉者，行在日常！

（一）良好的园艺

在自家后院、校园甚至阳台上做出简单的改变都可以为鸟儿、蝴蝶、蜜蜂、蜥蜴和其他传粉者带来好处。查看下表获取想法。

蜜蜂不会主动飞来，除非……

由于很多传粉者的栖息地和生活方式遭到破坏，此时将家里、学校、社区花园甚至是空地改造成更舒适的场所，这对传粉者来说是一个友好的示意。生活在高度城市化的地区可以吗？没问题。如果我们能够采取下列措施，传粉者会纷至沓来：

* **提供水源。**水是必需品。建造一个浅水池，并添加岩石供蜜蜂和其他昆虫降落，这是解决传粉者饮水问题的好方法。

* **丰富花园的多样性。**传粉者喜欢寻觅各式各样的花朵，查看所在地有哪些本土花种并种在花园里。

* **保持全年有花朵绽放。**很重要的一点是要确保花园在全年每个季节都能开花，这样传粉者全年都有花粉供应。尝试培育不同形状和大小的花朵。也请记住，一些现代新式花园中虽然大块土地覆盖着颜色各异的鹅卵石，但这样对传粉者并不友好。

>>

✱ **种植乳草**。这会大大吸引帝王蝶的幼虫。当然，这些幼虫长大后会成为重要的传粉者。

✱ **留有些许空地或提供庇护所**。大多数蜜蜂不住在蜂巢中，事实上，许多蜜蜂会在地下挖巢来抚养幼蜂，但如果地面有覆盖物，蜜蜂就无法挖巢。许多传粉者也喜欢躲在茎秆、芦苇、灌木或长草中。你还可以建造蜜蜂旅馆。

✱ **模拟自然**。将植物以三五株为一组来模拟大自然的生长方式。这有助于传粉者（其中许多患有近视）发现花朵。

✱ **让草坪的草长得更高**。这是摆脱割草工作的好方法。告诉父母"根据相关研究，房主每隔2周修剪一次草坪，此时吸引的蜜蜂数量最多"。

资料来源：www.sciencedaily.com/ releases/2018/03/180313134000.htm

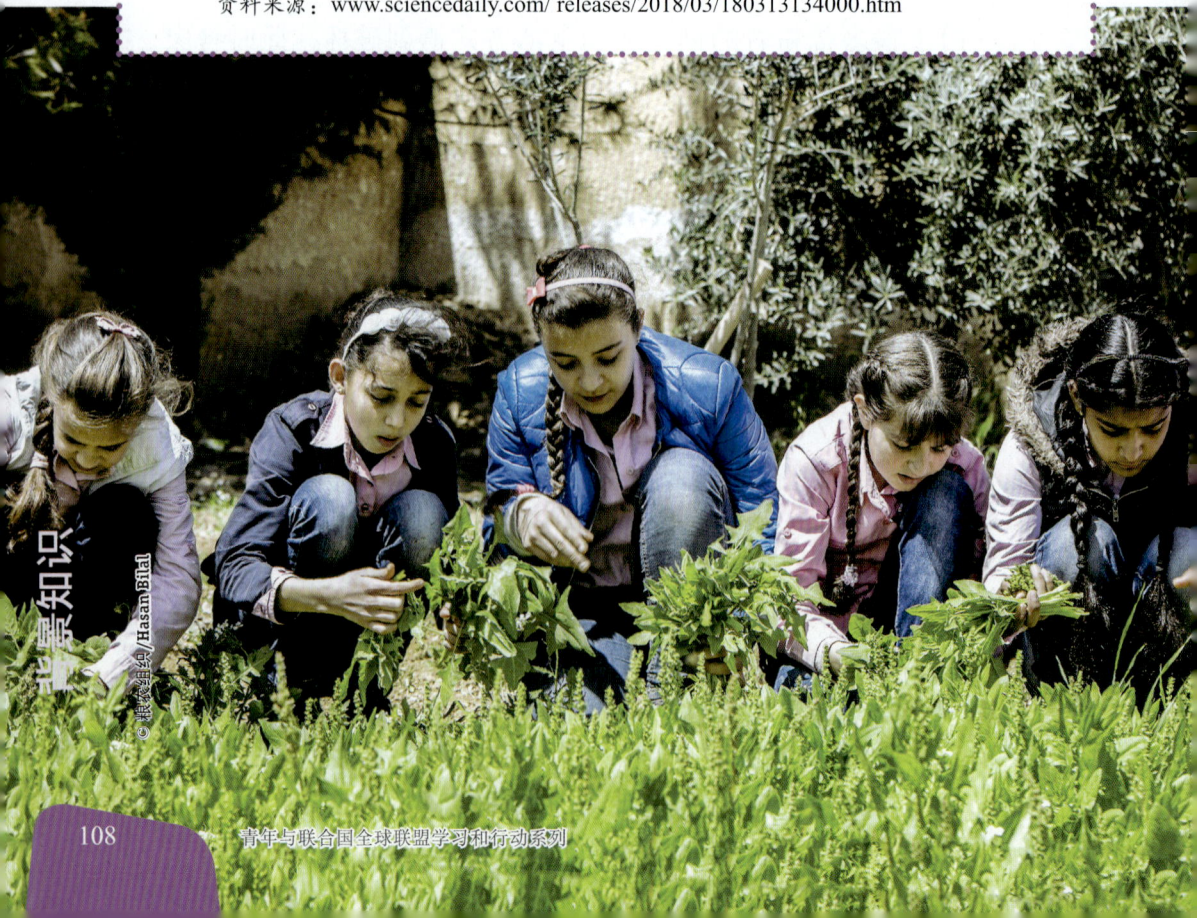

（二）确保本地植物受欢迎

让传粉者在你的花园中感到受欢迎，一个最佳方式是多栽种本土开花植物。为什么传粉者更钟爱本土植物？嗯，因为它们是一起长大的！根据美国农业部的说法："传粉者与本地植物一起进化，这样双方最能适应当地的生长季节、气候和土壤。"事实上，很多传粉者都有自己最钟情的植物品种，并已经进化为以此为食。例如，蜂鸟从长管状金银花花朵中吸食花蜜，而小长鼻蝙蝠非常擅长从仙人掌花中吸取花蜜。

既然这样，那如何才能确定哪种植物属于本土植物品种呢？以下是一些小建议：

* 上网简单搜索一下。

* 联系本国或本地区的国家植物部门或野生动物机构。例如，在英国，皇家园艺协会在某些种子包装上贴上标识，表明此植物属于传粉者友好型品种，并在网站上上传了大量查询信息：**www.rhs.org.uk/science/conservation-biodiversity/wildlife/plants-for-pollinators**

* 咨询本地植物园、苗圃或园艺中心。

* 请图书管理员帮忙查找。

* 咨询学校、家里或社区的园丁。

可尽情栽种本土物种——享受花坛带来的乐趣！只要你的花园色彩缤纷、生机勃勃，传粉者一定会乐享其中！

（三）避免使用农药

这是保持本地传粉者健康快乐的另一种重要方式，有多种方式可以实现这一目标。参见下表获得启发。

请留下来——我们不会喷洒农药！

农药（包括杀虫剂和杀真菌剂）会伤害传粉者，但害虫会破坏我们的植物，这该怎么办？你可否了解如何治理家里和学校花园的害虫？可与相关负责人交谈，讨论如何在不伤害传粉者的前提下治理害虫。

一种选择是完全避免喷洒有害杀虫剂，只使用无毒物质来治理害虫。此网站列出了哪些杀虫剂对传粉者安全，哪些不安全：

www.perfectbee.com/blog/bees-and-pesticides-what-is-safe

如果必须喷洒杀虫剂，请牢记下述几条建议：

* 在平静无风的天气里喷洒农药。
* 仅针对（需要治理的）特定区域使用农药。
* 在清晨、傍晚或晚间喷洒农药，此时蜜蜂蜗居在蜂巢或巢穴中且尚未积极觅食。
* 植物（例如石南花、薰衣草和玫瑰）开花期常会吸引蜜蜂和其他益虫，此阶段请勿使用任何杀虫剂。
* 仅在花瓣降落后才施用杀虫剂，此时观赏植物对蜜蜂的吸引力降低。

害虫综合治理（IPM）听起来很神奇，但你也可以操作！

* 如有可能，首先要避免害虫问题，方法是清除掉已被感染的旧植物，重新种植抗病虫害的植物。

* 仔细研究遇到的害虫问题，在喷洒杀虫剂之前确保害虫数量已达到需要控制的水平。

* 仔细查看你的害虫控制选项，并尝试配套使用害虫控制技术。这些技术可包括引入有益昆虫、手动清除害虫、设置害虫陷阱、喷洒杀虫剂等。

* 栽种本土开花植物以迎合传粉者，选择对害虫具有天然抗性的品种。

* 如果你的花园很大，可以套种不同品种的植物。通常某种害虫只喜欢特定植物（例如番茄），如果在番茄之间套种此类害虫不喜欢的蔬菜，那害虫可能不会传播到每株番茄。

* 避免年复一年在同一块地种植同一种作物。

* 确保你的花园排水良好。

* 众多本土传粉者生活在自然区域内，并在植物授粉中发挥着重要作用。在试图控制区域内或区域附近的害虫时要格外小心。例如，所有蝴蝶的幼虫都是以植物为食，因此在你无意中杀死蝴蝶和其他美丽的有益昆虫之前，应先了解正在吞吃你植物的是哪种昆虫（资料来源：**www.pollinator.org/learning-center/pesticides**）。

* 在果园里，通过割草去除杂草，而非使用除草剂。

宣传一波

　　许多园丁不太重视蒲公英（无论吹掉蒲公英的种子多么有趣）和杂草。但类型繁多的杂草和蒲公英都有着相当大的"粉丝团"，即各种各样的传粉者，包括蜜蜂、蝴蝶和食蚜蝇。尽管蒲公英不依赖昆虫传粉，但这种不起眼的蒲公英却长期为饥饿的传粉者提供少量花蜜（10 ～ 20千克/公顷）和大量花粉（260千克/公顷）（资料来源：**www.buzzaboutbees.net/ Bees-Love-Dandelions.html**）！

　　摆脱除草工作的另一个重要原因：告诉父母，虽然你让花园看起来像野生似的，但这样是在帮助传粉者……

背景知识

© Unsplash

青年与联合国全球联盟学习和行动系列

（四）绿色生活

通过采取措施保护环境，我们致力于构建一个健康的生态系统，减少碳足迹。这有利于周围传粉者快乐生活、繁荣壮大。具体可采取以下措施：

* 选择步行或骑行，而非驾驶车辆；
* 不使用电器设备时拔下插头并关灯；
* 避免浪费水资源；
* 降低整体消费，尤其是过度包装的产品；
* 植树（本地树种）；
* 减少红肉消费，食用更可持续的肉类；
* 尽量减少消耗，开展废物再利用和回收。

如何落实上述措施以及获得更多信息，请访问：**www.un.org/sustainabledevelopment/takeaction**

（五）理性购物

在购物时更仔细些我们就可以做出很大改变，以下是一些例子：

购买有机产品。通过避免使用杀虫剂，有机农业培育了健康的传粉种群。购买有机食品（采用有机农业技术种植）可以减少对使用杀虫剂和合成肥料种植的农作物的需求。许多杂货店和农贸市场销售有机农产品，购买时可向卖家确认一下。

除了避开杀虫剂外，有机农业还通过改善土壤质量、减少水土流失、节约水资源和鼓励生物多样性来保护环境。所有这些都有助于创造一个更健康的生态系统，从而培育更快乐的传粉者。

认证计划。如今众多产品都有认证，旨在强调这些产品是在环保条件下生产出来的。去找一下本地有哪些认证产品。一些知名认证品牌包括：保护蜜蜂认证（beebettercertified.org），森林管理委员会（**https://fsc.org/en**），国际公平贸易认证标章（**www.fairtradecertified.org**），雨林联盟（**www.rainforest-alliance.org/faqs/what-does-rainforest-alliance-certified-mean**）以及能源之星（**www.energystar.gov**）。

购买本地生产的蜜蜂产品。众多本地小农户和森林社区一直在保持着可持续的养蜂实践。你可以直接从蜂农手中购买蜂蜜、蜂蜡或其他蜜蜂制品来支持他们（资料来源：联合国粮农组织）。

© Unsplash

（六）了解附近的传粉者

如果我们不知道传粉者是谁，又该如何帮助它们呢？对此可开展传粉者调查或者咨询本地野生动物专家（昆虫学家）来获得独家传粉者知识。

如何开展传粉者调查

想对本地传粉者有科学的了解吗？你可以绘制图谱或开展调查以便更好地观察。

1. 踏足你最想观察的花园或户外某地。

2. 标记起点，以此延伸50米并标记终点。

3. 沿着50米线拓宽2米，从头到尾匀速步行15分钟。

4. 辨认、统计正在觅食花朵的昆虫、鸟类和其他动物，并记录观察结果。你可能会遇到一些常见疑问，请查看此网址：**www.naturekidsbc.ca/wp-content/uploads/2018/04/Life-in-the-Flowers-Card-Final_-Web.pdf**

5. 识别同一区域内的植物，查看每株植物上有多少朵花，并记录你的观察。

资料来源：https://w3.biosci.utexas.edu/jha/wp-content/uploads//Pollinator-Habitat-Surveys.pdf

© Giulia Tiddens

4.2.2 保护传粉者，人人有责！

前面已探讨了我们所有人在日常生活中都可以采取的措施。接下来看一下通过在城镇和社区采取公民行动我们还可以大规模做些什么。联合行动，志存高远，保护传粉者我们可以大有作为。

（一）为传粉者创造城市避风港

城市其实可以为传粉者提供很好的生存场所。花园、空地、废弃地、阳台，甚至杂草丛生之处，都可以吸引传粉者驻足休憩。不同国家中许多社区正在联手行动，确保所在城市能为传粉者提供这样的"避风港"或避难所，同时为其提供淡水、充足的食物和筑巢场所。此外，这些社区还为传粉者提供了无农药区。

具体包括：组建一个小组并与本地政府部门合作，创造一个对传粉者友好的环境。在以下网址获取灵感并查找示例：**www.beethechange.life/bee-haven-priniciples** 和 **millionpollinatorgardens.org/about**。这里有一个很有趣的案例，展示了如何设计一个空间供人们和传粉者一起休憩：**www.reckless-gardener.co.uk/bee-friendly-garden-at-rhs-hampton-court**

（二）公民科学项目

加入以下公民科学项目：大黄蜂观察（**www.bumblebeewatch.org**）、伟大的向日葵计划（**www.greatsunflower.org**）、帝王蝶观察（**www.monarchwatch.org**）、蜜蜂徽章（**www.insignia-bee.eu**）和传粉者直播（**pollinatorlive.pwnet.org/teacher/citizen.php**）。加入公民科学项目有利于参与保护传粉者、了解更多传粉者信息，同时还可以向世

背景知识

人传播传粉者知识。你所在地区没有采取什么行动吗？那何不自己启动呢？详见本章活动清单9。

（三）要求做出改变

很多地方都设有环境主管部门，负责制定与环境相关的地方法规和政策。作为公民，我们都有权与这些环境主管部门联系，了解他们为保护传粉媒介所做的工作。如果他们做得不到位，我们也有权要求他们做得更多。

> 嘿，如果格蕾塔·通贝里（Greta Thunberg）能够让20国集团领导人听到她的声音，还有什么能阻止我们每个人也发出自己的声音呢？
>
> 让我们从蜜蜂身上汲取灵感，**共同努力，形成坚如磐石的蜂群，发出真正的嗡嗡响声！**

为了能提出有效需求，具体建议如下：

（一）具体可行

要求本地部门做出具体的、可行的改变，例如：

* 禁用某些杀虫剂；

* 组织一场以"传粉者"为主题的活动；

* 在有利于传粉者觅食的植物旁边放置标志，鼓励人们种植此类植物（点击链接查看英国皇家园艺学会的这项倡议：**www.tclgrp.co.uk/plantscape/news/plantscapes-bee-friendly range-to-be-available-for-towns-and-bids-from-2020**）。

（二）掷地有声

联合朋友、家人和所在社区为保护传粉者发声，充分发挥"蜂群思维"的作用。

* 与地方政府部门联系，助力制定保护传粉者的地方或国家计划。

* 与地方政府部门合作开展一场活动，提高人们保护传粉者的意识。

* 借助社交媒体传播相关信息。

* 组织社区活动。例如，每年5月20日你可以参加或举办世界蜜蜂日庆祝活动。

* 与本地苗圃或园艺中心合作，开办培训课程，辅导居民如何使自家花园变得对传粉者更加友好。

* 与本地有机农场和农民开展合作，就如何实施有利于保护传粉者的杀虫技术举办活动。

* 邀请本地蜂农介绍如何养蜂。

背景知识

青年与联合国全球联盟学习和行动系列

> "永远都不要低估一小群成熟并坚定的人可以改变世界。事实上，这是唯一发生过的事情。"
>
> ——玛格丽特·米德（Margaret Mead）

与所在地环境部门合作

你既可以给环境部门办公室写一封礼貌的信函，也可以在预约后亲自到访，表达你对所在社区、城市或地区传粉者现状的担忧。具体问题可包括：

* 环境部门是否清楚哪些传粉者属于本地物种？
* 这些传粉者当下是否面临风险？
* 如果是，面临何种风险？
* 他们正采取何种措施来降低风险、保护传粉者？
* 提出建议，例如要求环境部门确保本地花园和公园种植更多本土花卉，并在花季禁止使用杀虫剂。
* 寻求他们的支持，帮助在本地组织保护传粉者的宣传活动。

住所的附近一带……

你住在农耕区吗？你是否清楚本地遵循什么样的农业实践？联系本地农业主管部门咨询以下问题：

* 大型农场如何保护周围的生态系统，包括水、土壤等自然资源？
* 大型农场如何受益于传粉者，又是如何保护传粉者？
* 大型农场如何防治害虫？
* 大型农场如何促进物种多样性？

你住在城市吗？你的市政府又是如何保护和培育本地的传粉者？你的居住地是否有"蜜蜂天堂"倡议？

➕→ 就如何启动"蜜蜂天堂"倡议，点击链接获取建议和观点：
www.honeybeehaven.org/resource/create-a-community-bee-haven

背景知识

青年与联合国全球联盟学习和行动系列

©Unsplash

活动清单1

建造蜜蜂旅馆

搭建一个热闹的蜜蜂会所！

我们通常会认为蜜蜂以群居的方式生活在蜂巢中，但你可否知道大多数蜜蜂都处于独居状态，它们主要栖息在土壤或树干中开挖的单独隧道、茎秆管道或空心管道内。你可以为这些独行者建造一座漂亮的蜜蜂旅馆，吸引它们到访你的花园。蜜蜂旅馆也是独居蜂筑巢的绝佳场所。请注意，虽然与蜜蜂相比，独居蜂不太可能蜇人（因为它们不用保护蜂巢），但仍然会蜇人，因此在与蜜蜂打交道时始终要小心谨慎。你可能需要大人帮助建造蜜蜂旅馆。

你会用到：

- ✓ 防水容器，例如牛奶盒、桶、管子或旧板条箱；
- ✓ 木块或原木；
- ✓ 稻草或天然植物茎秆，如竹子。

如何搭建：

1. 在木块上钻孔，直径范围为 0.25、0.3、0.43、0.45 或 0.6 厘米，尽可能使用 15 或 30 厘米长的钻头；

2. 将木块插入容器中，并添加稻草或天然植物茎秆（如竹子）；

3. 将搭建好的蜜蜂旅馆悬挂外面，朝向南或东南；

4. 观察蜜蜂旅馆！

资料来源：《儿童养蜂和传粉活动》（*Bee and Pollinator Activities for Kids*）

✚→ 了解更多搭建蜜蜂旅馆的补充信息，请点击：**www.nationalgeographic.org/ media/build-your-own-bee-hotel** 或 **www.wildlifetrusts.org/actions/how-make- bee-hotel** 或观看视频 **youtu.be/LS_5rntNexo**

补充建议：

★ 对于纸筑巢管，保持巢穴的干燥尤为重要，因为水分会促进霉菌生长，这对巢穴居住者有害。蜂房的建造方式应尽量减少雨水进入筑巢管，并且每年应清洁一次，以防止霉菌滋生和病原体滋生。在恰当的时间段，每年应更换使用新纸管（资料来源：联合国粮农组织）。

★ 为了确保地面筑巢的蜜蜂能来到你的花园（筑巢），应该在花园中留有土壤斑点，并且不遭到你和其他动物的破坏，这样蜜蜂就可以创造属于自己的领地，并且巢穴会年复一年地增加。

独居蜂地面巢穴图片：

©Fani Hatjina

©Fani Hatjina

青年与联合国全球联盟学习和行动系列

活动清单2

培育独特的花坛和菜园

你会用到：

- ✓ 选好址的菜地；
- ✓ 纸笔（写出种植方案）；
- ✓ 园艺工具（小铲子、锄头）；
- ✓ 细绳（用于丈量尺寸）；
- ✓ 幼苗（番茄幼苗、柿子椒幼苗等）；
- ✓ 种子（花种、西葫芦种子、南瓜种子、西瓜种子）；
- ✓ 喷壶或软管；
- ✓ 粮食作物（可选项）。

1. 事先做好规划

一旦你想好种什么，就画出你要种的区域。一些植物（如西葫芦、南瓜）需要空间铺展生长，其他植物（如玉米、马铃薯）则向上生长，还有一些（如胡萝卜和甜菜）往地下扎根生长。将庭院按比例绘制成地图，然后标记上种菜的方式和地点。

如有可能，菜园要靠近水源，这样你就可以直接用软管浇水，至少不必拿着喷壶走那么远。

≫

2. 获取种子或幼苗

你可以从园艺中心、苗圃甚至大多数五金店购买种子。你还可以购买幼苗，这些幼苗已经在生长，只需将其移栽到地里即可。种子和幼苗通常可以在温室大棚、农贸市场、苗圃基地和大型家装店找到。

3. 开始种植

首先，准备翻耕土壤，此时需要添加一些有机肥料（如堆肥、落叶或粪肥），用园艺叉将肥料混合到土壤表层10～15厘米；然后按照事先规划的菜园布局将种子播撒在指定位置。记得阅读耕种说明，确定种子的播种深度。

没有菜园时如何耕种？

如果你生活在城市中或者居住在公寓楼，可能不太具备耕种菜园的条件，但依然可以操作。以下是一些可供选择的方案：

* 看一下有地的朋友是否愿意和你家共同开耕一片菜园，两家人打理菜园意味着责任减半但乐趣加倍！
* 问一下住在城外的家族成员是否可以借用部分庭院作为菜园，你可以用新鲜的水果和蔬菜来回报他们。
* 在你所在城镇开辟一个社区菜园。与需求情况相近的家庭一起共用土地、共担责任。注意：考虑到每周你至少需要去菜园2～3次，因此尽量就近选择地点。

资料来源：www.mykidsadventures.com/kids-gardening

4. 打理菜园

如果不经常下雨，就要确保菜园得到灌溉，保证菜苗存活且苗壮成长。

5. 乐享其中，认识本地的传粉者

伴随着菜园的花朵盛开，小菜园肯定也会迎来众多传粉访客！尝试观察本地的传粉物种有哪些，拍照留档！

制作堆肥

堆肥是指利用残余食物和花园垃圾为土壤补充更多养分的绝佳方式。堆肥可通过将可生物降解的材料（例如花园里的杂草和老植物）与厨房残留的蔬菜皮和果核混合起来制成。掺杂在一起的材料被细菌和其他以此为食的生物分解后，此时就可以将其添加到土壤中。施加堆肥使土壤更加健康，并帮助一些植物抵抗常见疾病，还有助于保持土壤湿润。通过堆肥，不仅可以改善菜园的健康状况，还可以减少浪费和垃圾存量。

© Unsplash

活动清单3

选择并种植果树和灌木

你想自己栽种果树吗？一个好消息：传粉者将会为你完成大部分工作！但是你要记住一些注意事项来帮助传粉者……

每种果树对授粉都有着不同的要求。接下来介绍大多数果树授粉的基本知识：

* 有些果树可以自行授粉并结出果实，因此被称为自花授粉或自花结果。其他果树则主要依靠昆虫和动物进行授粉。以下是世界各地不同气候条件下果树授粉的例子：

  * **温带果树**：大多数苹果树、李子树、甜樱桃树和梨树都需要不同但相容的花粉才能结出果实。此外，这些果树大约需要集中在同一时间段（季中、季末）开花，以便传粉者对它们进行异花传粉。

  * **热带果树**：番石榴树和百香果树主要依靠蜜蜂授粉，菠萝树主要依靠蜂鸟完成授粉。

  * **亚热带果树**：大多数柑橘类果树，包括橙子、金橘、柠檬和酸橙，都属于自花结果，这意味着它们可以通过自花传粉结出果实，但依然受益于昆虫这类传粉者。至于鳄梨，在中美洲，鳄梨的授粉依赖社会性蜜蜂和黄蜂；而在澳大利亚的部分地区，其授粉依赖于食蚜蝇；蝙蝠（以及苍蝇、蜜蜂和黄蜂）也为鳄梨授粉。

* 给同一种属但不同品种的果树授粉是个好主意（如品种不同的苹果树、梨树之间）。

》》

* 在 15 米间距内至少栽种两种花粉可兼容的果树。这是理想的间距，可使蜜蜂从一棵树到另一棵树进行传粉。
* 授粉发生在果树开花时。
* 花粉须从植物的雄蕊转移到雌蕊，授粉过程不完整会导致只开花不结果，此时你就会明白是时候吸引更多传粉者到访你的果园了。
* 鸟、蝙蝠、其他哺乳动物、风和昆虫都可以进行传粉，其中蜜蜂是最常见的果树传粉者。

果树和其他植物之间可以实现互利共生，举例如下：

* 梨树、海棠和苹果树；
* 樱桃树和李子树；
* 葡萄和一些蓝莓品种为自花传粉，但彼此附近种植两个或多个品种可以获得更高产量；
* 醋栗和一些茶藨子品种为自花传粉，但将二者种植在彼此附近可以提高产量。

© Unsplash

活动清单4

打造一个鲜花盛开的阳台

如果你没有花园来种花，或者你想吸引更多的传粉者到访家中或学校，那么此时可尝试用容器栽花，然后将花盆移放在阳台、露天平台、庭院甚至屋顶。

你会用到：

✓ **栽花用的大花盆**

尽可能用一个大容器（大花盆），为花扎根生长留足空间，确保花盆底部钻有排水孔，方便多余的水能够排出来。

✓ **几种不同高度、颜色和质地的开花植物**

颜色丰富多彩、尺寸大小各异的盆栽花看起来会很有装饰性，也会使你的阳台对各种传粉者更具吸引力。选择本土天然盆栽花种，确保花根不会铺散得太远，并且能在干燥的土壤中依然生长良好，因为花盆的晒干速度比花坛快得多。开花早的球茎植物，如番红花和水仙，随后是薰衣草、琉璃苣、百日草、紫苑、雏菊、金莲花和金盏花，都是不错的选择。

✓ **别忘了香草植物！**

香草非常适合阳台园艺，许多传粉者也对香草的花蜜和花粉情有独钟，而且你也可以用香草烹饪出更加美味的饭菜。一些受传粉者钟爱的香草植物包括罗勒、薄荷、茴香、咖喱、迷迭香和百里香。

>>

背景知识

✓ 土壤

显然土壤必不可少。亲自去一趟当地的苗圃或花园，看看有哪些花盆可供选择。如果可以的话，使用有机土壤来栽花。

✓ 如果有，挂一个吊篮

将花盆放在吊篮内是美化自家门廊或阳台的好方法。

接下来做什么

填土埋种（确保花盆钻有排水孔！），定期浇水，静待花开！一定要向驻足的传粉者问个好。

还要注意阳光

喜阴植物放在朝南或朝西的位置会被烧焦；喜阳植物的茁壮成长则需要充足阳光，如果朝向北则长势不会很好。

⊕→ 点击链接，获取更多栽花的建议：**www.almanac.com/content/best-flowers-window-boxes**

© Unsplash

挑选对传粉者友好的食物

有机的、可持续的

尽量购买有机农产品，确保在生产过程中不使用杀虫剂（杀虫剂不仅伤害传粉者，也会危害人体健康）。据美国农业部称，2008年美国境内约80%的杀虫剂总量用于以下农作物：玉米、小麦、棉花、马铃薯和大豆（大豆是牲畜饲料的主要来源）等。探访你所在的地区，看看有哪些有机农产品。如果可能，与本地农贸市场的商贩交流，询问他们如何种植农作物以及如何保护传粉者。

购买本地农产品

购买本地生产的农产品也很重要。长距离运输货物会消耗更多的能源并产生大量温室气体，从而加剧气候变化。

但有时候很难购买到既是有机的又产自本地的农产品。在这种情况下，需要你自己判断什么是最好的。例如，这个产品的产地距离有多远？是否能购买更好的同类替代品？你和农民交流过吗？他/她用什么方法来保护传粉者？

减少包装

始终选择包装最少的农产品。包装往往会消耗能源，而且很多时候是不必要的。选择未用塑料包裹的散装的新鲜水果和蔬菜，记得带上你自己的环保袋！

减少食肉

牛羊肉等肉类的生产会消耗大量的水和能源，也会对生态系统和动物栖息地造成大规模破坏，此过程也会损害传粉者。因此，选择以植物为基础的肉类替代品将会营造更健康的地球环境，有利于传粉者更快乐地生活。

开辟一片微型野花草地

你有一片可以玩耍的草坪吗？考虑将其改成一块野花草地，这样传粉者会乐于光顾。不过你得先铲平现有草地，你可以在草坪表层覆盖层层材料，几周之后杂草就会死掉。

你会用到：

✓ 用于清除（杀死）杂草的硬纸板、塑料、报纸或杂草屏障垫；

✓ 混合肥料；

✓ 本地土生野花种子；

✓ 育种所用的沙子以及沙子育苗的地点；

✓ 耙子；

✓ 洒水壶。

接下来做什么

1. 在草坪表面覆盖几层报纸、黑色塑料或折叠在一起的硬纸板，目的是阻挡（试图在下面生长的）杂草的光线。

2. 在杂草的覆盖物表层再撒上一层堆肥，最好是在秋季或早春进行；杂草可能需要6～8周才能死亡并开始分解，具体取决于温度和天气条件。

3. 6～8周后移除表层覆盖物，此时土壤裸露可用于耕种，你可以轻踩土壤，搭建一个稳定的苗床，但请勿过度扰动土壤。

»

4. 将野花种子与沙子混合，然后撒在苗床表层，借助沙子可以发现种子的落地位置，这样你就能确保均匀地撒播种子。

5. 伴随着步骤4，轻柔地耙地，直到刚好足以填埋种子。

6. 给苗床轻轻洒水，在前几个月要持续这样做。

7. 你的野花草地应该会在一周内开始发芽。

8. 传粉者不久也会到访。

⊕→ 访问以下网址，了解更多：**www.gardenersworld.com/plants/three-ways-to-create-a-mini-meadow**

©Depositphotos/ChiPhoto

活动清单 7

挑选蜂蜜、食用蜂蜜

如何正确挑选蜂蜜

1. 尽量购买本地蜂农的蜂蜜，少去超市购买。蜂农通常不会提供劣质蜂蜜，你更有可能购买到纯净、优质的蜂蜜，这样做还将支持本地经济发展。

2. 无论是从超市还是本地蜂农购买蜂蜜，要选择以下蜂蜜：

最接近蜂蜜的原始形态。最优质的蜂蜜是未经破坏、加热或加工的，是直接从蜂箱中提取的蜂蜜，没有经过任何其他处理。此种蜜通常看起来混浊和不透明。它含有天然的健康营养素，使得蜂蜜成为超级食品，这种蜜有时也被称为"生蜂蜜"。

加工蜂蜜主要来自供应商。这种蜜或稀软或凝固，色泽通常较浅。蜂蜜经过加工往往会失去天然生成的健康酶和维生素。

区分优质蜜和劣质蜜的一种方法是进行水质测试：取一茶匙蜂蜜，放入盛满水的玻璃杯中，劣质蜂蜜会溶解于水，而质量较好的蜜会变得更浓稠，也会结成块沉淀在玻璃杯底。

天然蜂蜜的最大好处是含有维生素、酶和花粉，但蜂蜜一旦经过巴氏杀菌，所有这些营养物质都会被破坏掉。因此，在购买蜂蜜时，请务必选择最原始的蜂蜜。

不含添加剂。购买蜂蜜时，请阅读标签，确保没有添加其他糖分。一些不良生产商可能会添加甜味剂，如高果糖玉米糖浆。

如何享用蜂蜜

在煮茶或冲泡咖啡时，若要添加蜂蜜作为甜味剂，请不要在沸腾的茶水或咖啡中加入蜂蜜，否则会破坏蜂蜜的活性物质。应该等到液体温度低于40 ℃时再加蜜（加蜜的茶水或咖啡不应加热到40℃以上）。

液体蜜与结晶蜜

可能你已经注意到，随着时间的推移，金色的液体蜂蜜会发生分离，顶部呈液体状，而下部是浑浊的块状物质，这意味着蜂蜜已经结晶。发生这种情况时，人们通常会认为蜂蜜变质了，甚至将其丢弃。事实上，随着时间的流逝，几乎所有纯净的生蜂蜜都会结晶。这有点像水变成冰，但结晶蜜依然具有相同的特性并且对你同样有益。刚从蜂巢中提取的蜂蜜都是液体，但随着时间的推移，就会开始结晶。不同类型的蜂蜜会在不同时期结晶——有些很快，有些很晚，甚至在两年后才结晶！生蜂蜜由于未曾被加热或过滤，因此它比加工过的蜂蜜结晶得更快。尽管如此，你仍需注意蜂蜜结晶的方式。结晶过程应该是同质的，整个瓶子的蜂蜜应该都发生结晶。

切勿丢弃结晶蜂蜜——储存在密封容器中的蜂蜜可以保存很多年。

© Depositphotos/ jianghongyan

活动清单8

加入养蜂俱乐部

养蜂可带来诸多方面的回报，（部分）原因如下：

* 可以免费获得本土优质蜂蜜；

* 除了蜂蜜，养蜂还能获得蜂蜡、蜂花粉、蜂胶等蜂制产品；

* 借助蜜蜂的传粉，自家花园里的花、水果和蔬菜长势会更加喜人；

* 不仅是改变你的花园，养蜂还会提供传粉者生态系统服务，从而改善本地生态环境；

* 有助于保护蜜蜂（即养蜂也是从事蜜蜂的保护管理工作）；

* 养蜂俱乐部、养蜂合作社或在线养蜂社区的建立有助于培养社区意识；

* 养蜂对个人也大有裨益，例如增强自信和领导力、加深理解环境。

好吧，既然你被说服了，但是从何处着手呢？与其单独行动，你还可以调查一下本地的养蜂俱乐部，或者给志同道合的人打电话，一起联手养蜂。

步骤1：搜索俱乐部

* 在线搜索本地养蜂俱乐部。

* 联系本地环境部门获取当地养蜂俱乐部的名单。

* 访问本地农贸市场，与蜂蜜供应商交谈，也许他们知道可以加入的俱乐部。

此项活动适合年龄稍长的学员或者有成人参与的低年龄学员。

步骤2：联系俱乐部

* 联系看起来很有前途的俱乐部，了解你是否可以加入以及如何加入。

步骤3：注册！

* 如果你得到积极回应，而且也觉得可行，那还等什么？行动起来吧！

步骤4：如果你找不到本地的养蜂俱乐部……

* 在当地报纸、社交媒体、学校或图书馆的公告板上发布公告，邀请其他人与你合作成立养蜂俱乐部。记得列出来养蜂的益处：不仅可以收获蜂产品，而且还能帮助保护传粉者。

* 一旦有人加入你的团队，就尝试从中寻找一位本地养蜂专家，让专家为如何开始养蜂提供指导和建议。例如，点击链接了解养蜂人必备的15件物品：**morningchores.com/beekeeping-equipment**

* 如果未能找到本地专家来获取帮助，那就给Apimondia等国际组织致信，这些组织可以为你提供有用的建议。

请勿忘记：

尽管蜜蜂是我们的好朋友，但蜜蜂的确会蜇人，因此在与蜜蜂打交道时一定要小心并采取必要的预防措施。

© Depositphotos/newrock555

活动清单9

成为一名公民科学家

你对自然界感兴趣吗？是否愿意寻找以下问题的解决方案：保护濒危物种、改善空气和水质、预防疾病或促进当地生态系统的健康？

这些不仅仅是科学家和专家需要解决的问题！我们所有人都能参与其中。正如**scistarter.org**网站所述："无数像你我一样的人正通过拍摄白云或溪流来收集数据，记录自然界的变化，借助智能手机传感器帮助科学家监测水质和空气质量，或玩游戏来帮助促进健康和医学研究。一个公民科学项目可能涉及一个人或数百万人为实现共同目标而合作。通常，公众的参与方式包括数据收集、分析或报告。"

就此徽章而言，我们将重点放在有助于保护传粉者的项目上。

- -

步骤1：寻找一个你想加入的项目

以下建议供参考：

X-Polli：Nation Project：这是《国家地理》杂志的一个项目（也称作"交叉传粉"项目），旨在公众、科学家、技术人员和教育工作者之间共享方法和工具，以支持传粉者、参与者和公民科学相关实践。**www.opalexplorenature.org/xpollination**

Bee Wise Honey Bee Pollen & Nectar Map：该项目借助iNaturalist 应用程序参与绘制世界各地蜜蜂的花粉和花蜜来源图，拍摄蜜蜂传粉的瞬间，计算蜜蜂和花朵各自数量，绘制地理信息系统（GIS）中的位置、温度和日期。**www.inaturalist.org/projects/beewise-honey-bee-pollen-nectar-map**

»

Pollen Nation：公民科学家可以在自家后院收集花粉样本，并借助 Pollen Nation 应用程序将数据上传到花粉地图。**citizensciencehd.com/pollen-nation**

步骤 2：组建你自己的公民科学小组

如果找不到适合你的现有项目，或者你更愿意自己做点事情，那就召集你的队伍，在本地开始你自己的公民科学运动吧。以下建议供你参考：

* 哪些物种属于本地传粉者？
* 这些物种面临威胁吗？如果有，是什么样的威胁？
* 这些物种的数量是在下降还是呈现较好的走势？

你可以先寻求当地野生动物专家和环保机构的帮助。

步骤 3：分享你的发现

小组讨论决定如何分享你们所获得的数据和发现。此类分享可以与一场大型活动结合起来，在分享的过程中你可以提高公众对本地传粉者困境的认识，这有利于促进公众为保护传粉者采取行动。

让我们为保护传粉者
做些事情吧！

第一章

传粉者是什么？

在1.1和1.2中选择一项必修活动，并至少完成一项选修活动。完成"传粉者是什么"活动后，你将能：

* 理解传粉者是什么。
* 更加了解各类传粉者以及传粉的原理。

从以下两项必修活动中
任选其一：

1.1 **传粉者调研**。拥抱户外，走向后院、周边公园、学校操场或小区绿化带。按照步骤，开展一次传粉者调研。识别传粉者，蜜蜂、鸟类、蝴蝶、蚊子、松鼠，越多越好。如果见着其他动物和昆虫，也请观察它们的行为。在你看来，它们是传粉者吗？为什么？记录见到的传粉者，它们在哪些花种上停留，在一段时间内出现的频率如何。有条件的话，可以给发现的传粉者拍照；如果不具备拍照条件，也可以画下来。如果不知道某些物种的名字，可以试着详尽地描述这些物种，让小组成员或班上同学试着帮你辨识。访问以下网址，获取基础调研模板：**www.calacademy.org/sites/default/files/ assets/docs/pdf/297_pollinatordatasheet_updated.pdf**。哪些花最招传粉者？与父母、老师或者学校和小区里的园林工人沟通，请他们多种植这类花卉。

级别 ③ ② ①

目标提示
这项活动有助于实现无贫穷（1）、零饥饿（2）和陆地生物（15）等可持续发展目标。

1.2 **建造蜜蜂旅馆**。按照活动清单的步骤，在家中、学校或小区的绿化带上搭建一间蜜蜂旅馆。持续观察几日。蜜蜂光顾了吗？你能认出是哪些种类的蜜蜂吗？

级别 ③ ② ①

目标提示
这项活动有助于实现无贫穷（1）、零饥饿（2）和陆地生物（15）等可持续发展目标。

小朋友要在大人协助下开展活动 1.2。

一、传粉者是什么？

从下面列表中选择
至少一项选修活动：

1.3 "解剖" 一朵花。活动开始前，要先获得采摘花朵的许可。挑选
级别 不同大小、不同颜色的花朵。采摘后，请轻轻拆解，仔细观察
① 不同部位。比照第37页的图示，认出不同的部位了吗？花粉从
哪里产生？哪个部位接受传粉并产生种子？

1.4 **充当蜜蜂传粉者**。按照第51页指示，自己动手授一授粉吧。
级别 现在你也正式成为传粉者了！选取同类但花色不同的花朵进
② 行异花授粉会更有意思，要耐心等待结果。你听说过孟德尔
① (Mendel) 这位著名科学家吗？他用各种豌豆进行了异花传粉。
比如，把高茎豌豆与矮茎豌豆杂交。你猜他得到了什么？如果
你猜的是中茎豌豆，你就和孟德尔想一块去了。不过，你们俩
都猜错了！事实上，孟德尔实验得到的全部是高茎豌豆，因为
高茎是显性性状。你也可以效仿孟德尔，在后院做做试验！记
录传粉20趟耗费的时间。你能体会传粉者的辛苦了吗？

目标提示
这项活动有助于实现无贫穷（1）、零饥饿（2）和陆地生
物（15）等可持续发展目标。

青年与联合国全球联盟学习和行动系列

1.5 **谁是传粉者？** 兵分两组，各组独立编写一份鸟类、昆虫和其他
动物的清单，清单上包含传粉和不传粉的物种。组织一场知识
竞答，两组互猜对方清单上哪些物种是传粉者、哪些不是。

级别 **3** **2** **1**

1.6 **参观养蜂场**。实地探访本地的养蜂场，进一步了解养蜂场的运
作。养蜂场里有什么种类的蜜蜂？养蜂都包含哪些工作？难度
最大的环节是什么？最有意思的环节是什么？养蜂能带来什么
好处？分享你对蜜蜂行为的5点新认识。如果养蜂场允许，可
以把这次实地探访录制成视频或播客，发布到社交媒体上。如
果附近没有养蜂场，也可以参观本地的果园、农场或苗圃，看
看他们如何为作物和其他植物授粉。

级别 **3** **2** **1**

1.7 **本地物种**。通过问询他人或独立研究，确定本区域的主要传粉
者。选定一个物种，深入开展研究，了解物种全貌。这种传粉
者为哪些花种传粉？它们如何传粉？栖息地在哪儿？围绕选定
的传粉者，编写一篇图文，在组内或者班上分享。

级别 **3** **2** ●

1.8 **关于传粉的一切**。观看相关视频，进一步了解传粉的各个环节。

级别 ③ ②

可以访问以下链接，观看视频：**www.youtube.com/watch?v= SiFaN2xQg5g** 和 **www.youtube.com/watch?v=W9OiGA5_mVs**。围绕各类型的授粉活动和传粉者，用视频和动画准备一个展示。风和水也可以成为传粉媒介。有些植物可以进行自花传粉。在作展示时，要解释为什么异花传粉的植物更具抗逆性。

1.9 **研究进化**。传粉者之所以更喜欢本地花卉，是因为传粉者伴随

级别 ③

本地植物物种一起进化，本地植物更加适合传粉者觅食。有些植物会使用特殊策略吸引传粉者，确保能够传粉成功。反过来，有些传粉者也进化出特殊性状，更便于采集花蜜。调查了解哪些花卉是本地物种，哪些传粉者伴随它们一起进化。花卉和传粉者如何在进化中相互适应、相互帮助？

1.10 经老师或领队允许，可以开展其他活动。

级别 ① ② ③

传粉者徽章训练课程

© Ethan Newman

第二章

传粉者为什么
如此重要？

在2.1和2.2中选择一项必修活动，并至少完成一
项选修活动。

完成"传粉者为什么如此重要"活动后，你将能：

* 理解传粉者对人类和地球的重要性。
* 理解传粉者提供哪些服务。

从以下两项必修活动中
任选其一：

2.1 **最爱的果蔬**。你最喜欢哪些水果蔬菜？列举出5种。了解一下它们的生长是否需要传粉者协助。哪些传粉者向这些果蔬品种"伸出了援手"？提供了什么帮助？如果这些果蔬的传粉者灭绝了，它们是否也将面临灭绝的威胁？围绕你最爱的5种果蔬以及它们与传粉者的关系，编写一篇图文并茂的新闻报道。然后了解一下本区域种植了哪种果蔬。在获得许可后，可以在周边公园或绿地里种植这类果蔬，并不时跟踪植株的长势。

级别 ❸ ❷ ❶

目标提示
这项活动有助于实现陆地生物（15）可持续发展目标。

2.2 **可持续发展目标小帮手**。以小组为单位开展头脑风暴，看看17项可持续发展目标中，有多少项与传粉者相关。你想到了哪些目标？传粉者如何助力实现这些目标？制作海报，在学校走廊里张贴，让老师同学们了解传粉者如何助力实现可持续发展目标。

级别 ❸ ❷ ❶

目标提示
这项活动有助于实现促进目标实现的伙伴关系（17）可持续发展目标。

从下面列表中选择
至少一项选修活动：

2.3 级别 ① **花瓣和传粉者**。你最喜欢什么花？它的成长得到了哪些传粉者的帮助？是否有一种以上的动物或昆虫为其传粉？向园林工人或植物专家请教，看看能否找到哪种传粉者为你最喜欢的花种授粉。跟踪记录哪些传粉者光顾了这种花，频率如何。以下模板可供参考：**www.calacademy.org/sites/default/files/ assets/docs/pdf/297_pollinatordatasheet_updated.pdf**

2.4 级别 ②① **食物日志**。记录你一天的饮食。研究你吃的食物如何生产出来。是通过传统农业生产，还是传粉者友好型农业生产？是本地生产的，还是有赖于其他地区的传粉者？你吃的食物中有多少种离不开传粉者？进一步了解你最爱的食物的生产过程。

2.5 级别 ③②① **本地景观**。你居住的区域有什么类型的生态系统？是荒漠还是森林山峦？你住在城镇地区吗？有公园或空地吗？研究哪些传粉者在本地的生态系统中占主导地位，并围绕这一课题制作一张海报。

2.6 级别 ③②① **评书活动**。读读关于传粉者的图书，比如《蜜蜂的旅程》（*The Flight of the Honey Bee*）、《蝙蝠公民：为夜行忍者辩护》（*Bat Citizens: Defending the Ninjas of the Night*）。读完有新的收获吗？有哪些有趣或意料之外的收获呢？与同学和家人分享你的发现吧。

传粉者徽章训练课程

2.7 **我们使用的物品**。传粉者对于粮食作物的生长至关重要，那是否对其他植物衍生品（植物油、种子、坚果、纤维、药物）也很重要呢？找出你所在地区常见的植物衍生品。它们的生产需要传粉者吗？它们是本地生产的吗？这些产品有什么用处？通过汇报或展示图文材料，分享你的发现。

级别 ③ ② ①

2.8 **"蜜蜂制造"**。蜂蜜、蜂蜡、蜂王浆、蜂花粉、蜂胶……蜜蜂为人类提供了一系列产品。选择一种不太了解的产品，好好了解一下吧。这种产品有什么用途？蜜蜂如何生产这种产品？蜜蜂为何生产这种产品？尝试接触本地贩售蜜蜂衍生产品的商家。他们的收入依赖这些蜂产品的销售吗？他们面临着什么挑战？如何支持他们的生产活动？是否可以通过完善农药监管或种植更多本地花种？与他们一同进行头脑风暴，思考如何推动养蜂和蜜蜂保护工作。

级别 ③ ② ●

目标提示
这项活动有助于实现体面工作和经济增长（8）可持续发展目标。

2.9 **传粉者与经济**。研究国家经济对传粉者的依赖程度。你的国家经济发展主要依赖农业生产吗？传粉者在作物生长中扮演何种角色？向本地农业专家和野生生物专家请教，了解传粉者在经济中的地位。可以参阅联合国粮农组织指导原则：**www.fao.org/3/a-at523e.pdf**

级别 ③ ● ●

2.10 经老师或领队允许，可以自选其他活动。
级别 ① ② ③

第三章

关注蜜蜂

在 3.1 和 3.2 中选择一项必修活动，并至少完成一项选修活动。

完成"关注蜜蜂"活动后，你将能：

* 理解传粉者面临的主要威胁以及这样做的重要性。

* 认识为何保护传粉者人人有责。

3.1 **本地威胁**。本地传粉者面临什么威胁？列出可能的因素。

级别 ③②① 是因为大兴土木的缘故吗？是为了耕地而大片砍伐森林的缘故吗？在社区内开展调查，了解所在区域哪类农药用得最多。这些农药是否对传粉者有害？你们所在区域污染严重吗？以小组为单位，研究本地区传粉者面临的最大威胁。如果最大的威胁来自农药使用，如何倡导农药的替代方案呢？翻到本书第110页获取灵感。如果问题在于建筑施工活动太多，也许可以在其他地方多种植本地植物或搭建蜜蜂旅馆，从而保护传粉者。与小组成员敲定方案，一起实施。

目标提示
这项活动有助于实现无贫穷（1）、零饥饿（2）和陆地生物（15）等可持续发展目标。

3.2 **实地考察**。参观本地的某个农场，了解可持续农业。农

级别 ③②① 场如何保护整体的生态系统？可持续农业活动面临哪些挑战？能够带来什么好处？传粉者如何融入其中？尽可能多地了解相关信息，围绕此次实地考察制作一个短视频。可以前往本地农贸市场，去结识农业生产者并了解他们都为环境做了什么。通过推特与我们分享你的发现@YUNGA（**twitter.com/UN_YUNGA**）。

目标提示
这项活动有助于实现无贫穷（1）、零饥饿（2）和陆地生物（15）等可持续发展目标。

从下面列表中选择
至少一项选修活动：

3.3 **无需传粉者的食物。** 为自己制定一周的菜单，要求菜单上的食材种植都不需要依靠传粉者。这份菜单长什么样？看着有胃口吗？你觉得菜单上少了什么？依靠传粉者种植的食材中，你最离不开哪一种？接着再制定另一份菜单，从生长过程离不开传粉者的食材中挑选你最爱的食材，加入这份菜单。和父母一起照着菜单准备三餐。记得向你的家人介绍传粉者，告诉他们正是有了传粉者，你们才能享用餐桌上的这些食物！

级别 ●●①

3.4 **野外栖息地。** 出门踏青，尝试寻找传粉者的栖息地。发现蜂巢、洞穴或鸟巢了吗？这些地方都可能有传粉者居住。既然已经知道了传粉者的住所，从现在起你该如何更加留意保护它们呢？保护野生生物的最佳方式之一，就是保护它们的栖息地。列出保护传粉者及其栖息地的5种方法。

级别 ●②①

目标提示
这项活动有助于实现陆地生物（15）、气候行动（13）和负责任消费和生产（12）等可持续发展目标。

3.5 **绘制全景图**。如果没有了传粉者，后果不仅仅是失去最爱的食物这么简单，世界将会是一片截然不同的景象。画一画当前世界的景象。是不是树茂花繁、生机勃勃呢？再画画没有传粉者的世界会是什么景象。如果没有传粉者，还会有植物吗？栖身于树木及其他植物的动物，是否也会无家可归？还会发生什么？在显眼的位置并排展示两幅画作，告诉更多人这个世界有多么依赖传粉者。

级别 ❸❷❶

目标提示
这项活动有助于实现促进目标实现的伙伴关系（17）可持续发展目标。

3.6 **气候变化影响几何？** 与各类人群交流，农民、养蜂人、社区老人、环境保护工作者、政府工作人员和野生动物专家，了解气候变化对你所在社区的影响。气候变化明显吗？气候变化正在影响传粉者种群吗？受访者认为气候变化的主要影响是什么？围绕采访内容，制作一条新闻短视频或编写一篇图文博客。

级别 ❸❷❶

3.7 **营养因素**。传粉者数量的下降意味着全球营养水平的下降。开展调查研究，了解为何如此。哪些主要营养物质会消失？这些营养物质对人体健康有什么重要意义？营养缺失将带来哪些主要问题？世界上哪些地方受到的影响最大？根据你的发现，制作汇报材料或编写一篇图文新闻。

级别 ❸❷●

3.8 **了解农药**。新烟碱、有机氯农药、氨基甲酸，在用的<u>农药</u>种类
不一而足，有些农药对传粉者有毒，有些农药则没有那么大危
害。开展案头研究，了解哪些农药负面影响最大。它们会危害
哪些传粉者？对传粉者造成什么危害？了解哪些农药使用最为
广泛，都用在什么地方。在本地园林工人和农民间开展调查寻
找你想要的答案。如果最常用的农药对传粉者有毒，则围绕其
毒害后果制作汇报材料，其中要包含无毒害的替代方案或降低
毒害影响的用药方法。面向园林工人组织一场活动，向他们展
示你的发现。

级别 ❸ ❷ ⚫

 **目标提示**
这项活动有助于实现陆地生物（15）、零饥饿（2）和促进目标实现的伙伴关系（17）等可持续发展目标。

3.9 **传粉者与污染**。传粉者与污染，一好一坏，两相关联。你所在
区域的空气污染状况如何？邀请空气质量专家来校开讲。空气
污染会影响包括传粉者在内的本地野生生物吗？造成空气污染
的主要元凶是什么？专家们有何建议？架空电线传输的电磁波，
是影响蜜蜂的又一因素。找出本地电磁波源，了解电磁波如何
影响传粉者。

级别 ❸ ⚫

3.10 经老师或领队批准，可以开展其他活动。

级别 ❶ ❷ ❸

传粉者徽章训练课程

© Unsplash

155

第四章
行动起来

在 **4.1** 和 **4.2** 中选择一项必修活动，并至少完成一项选修活动。

完成"行动起来"活动后，你将能：

★ 组织和参与社区保护传粉者的倡议活动。

★ 说服其他人采取行动保护传粉者！

从以下两项必修活动中
任选其一：

4.1 **吹"蜂"造势。** 为世界蜜蜂日（每年5月20日）组织一场社区专题活动。集中展示可行的想法，例如，可以介绍搭建蜜蜂旅馆、种植本地花卉、使用农药替代品或为园圃补充水源的方法，方便街坊邻居在家使用。

级别

目标提示
这项活动有助于实现无贫穷（1）、零饥饿（2）和陆地生物（15）等可持续发展目标。

4.2 **给蜜蜂一个机会。** 把家里或学校的园圃变得对蜜蜂更加友好！让蜜蜂在整个花季都能找到花蜜和花粉。许多开花树木也是传粉者在花季早期的重要食物来源。尝试将同种开花植物按照3株或以上的数量种在一起，而不是单独散种在园圃里。这么做方便传粉者找到特定植物。还可以补充水源或者搭建蜜蜂旅馆。让传粉者有树叶或灌木丛可以躲藏或栖身。访问以下网站获取更多提示：**kidsgardening.org/**

ten-tips-to-help-pollinators

级别

目标提示
这项活动将助力实现无贫穷（1）、零饥饿（2）、陆地生物（15）及体面工作和经济增长（8）等可持续发展目标。

从下面列表中选择
至少一项选修活动：

4.3 **为了全球福祉而努力。**与父母商量通过改变某种日常生活习惯来帮助保护地球。地球健康，传粉者也会受益！可以多进行回收利用，少开车，或者选择包装更少的商品。编制一张行动清单，放在家中显眼的地方，提醒家人遵守承诺。下面的例子可供参考。

级别
①

目标提示
这项活动有助于实现陆地生物（15）、气候行动（13）及负责任消费和生产（12）等可持续发展目标。

拯救地球的十件小事

V RYTHM foundation
rythmfoundation.org

1. 使用荧光灯泡
既节能又省钱。

2. 夜间电脑关机。
一天能省电40瓦。

3. 回收利用
助力减少污染。

4. 尝试素食饮食。
生产一磅牛肉的耗水量比生产等量素食的耗水量更大。

5. 少用纸巾
或者只用半张，不一定要用一整张纸吧。

6. 纸张两面用
打印机默认双面打印。

7. 爬楼梯
身体更好，地球更绿。短短几段阶梯，何须搭乘电梯？

8. 发挥创意，重复利用
袋子、蝴蝶结、纸张等，可以变成礼物包装或其他有用的物品。

9. 缩短淋浴时间，不要泡浴
既节约用水，又节省加热用电。

10. 随手关灯
不只是"地球一小时"，用电时记得随手关灯。

资料来源：https://successinacup.wordpress.com/2012/05/17/10-easy-ways-to-save-the-planet

传粉者徽章训练课程

4.4 **水之馈赠**。在家里或学校的园圃里，为传粉者增添新的水源吧。

级别 ● 2 1

定期换水，确保传粉者随时有清水可用，也避免滋生蚊虫。

目标提示
这项活动有助于实现陆地生物（15）可持续发展目标。

4.5 **公园指示牌**。现在你已经相当了解传粉者了，不过你还可以让更多人了解它们。争取本地相关部门的批准，在公园里树立指示牌。指示牌上可以标明哪些传粉者居住在当前区域，它们为何重要，大家可以采取什么保护行动。下图中的指示牌取自美国华盛顿特区的史密森尼国家动物园。

级别 3 2 1

目标提示
这项活动有助于实现促进目标实现的伙伴关系（17）可持续发展目标。

4.6 **支持养蜂人！** 养蜂人饲养和保护蜜蜂，使得我们居住的地球更加
健康美好。如果想向他们表达感激，最好的方式莫过于支持他们
的工作。在校园里或社区中心组织一日活动，给本地养蜂人机会
展示和销售他们的产品。在显眼的地方张贴海报、摆放传单，解
释传粉者工作的重要意义、蜜蜂面临的威胁以及养蜂人的日常工
作。竖立指示牌，解释各种蜂产品（蜂蜜、蜂蜡、蜂花粉、蜂王
浆、蜂胶等）的生产过程。尽可能购买本地养蜂人的蜂蜜而不是
从超市购买。

级别 ③②①

目标提示
这项活动有助于实现**体面工作和经济增长（8）**可持续发展目标。

4.7 **调动本地力量。** 联系本地环境部门，了解他们为保护传粉者所做
的工作。所在地区是否完全禁用或者至少在一年某些时段禁用特
定农药？地方环境部门是否能保证本地公园和园圃里种有多种本
土开花植物？地方法规是否鼓励和支持养蜂工作？如果你发现地
方政府的工作还有提升空间，可以向他们提交建议清单，主动提
出合作请求，共同组织一场保护传粉者的活动。

级别 ③②①

目标提示
这项活动有助于实现**无贫穷（1）**、**零饥饿（2）**、**陆地生物（15）**
和**促进目标实现的伙伴关系（17）**等可持续发展目标。

青年与联合国全球联盟学习和行动系列

4.8　诉诸社交媒体。在社交媒体上发起运动，提醒和动员你的亲朋好友采取行动拯救传粉者。可以要求他们"日行一善"。也可以指导他们如何让自家后院和生活方式变得对传粉者更加友好。

级别 ❸ ❷

目标提示

这项活动有助于实现促进目标实现的伙伴关系（17）可持续发展目标。

4.9　校园活动。征得校方许可，在校内组织一场关于提升传粉者意识的月度活动。在走廊里张贴海报，和学校园林工作人员合作改造园圃。与食堂工作人员携手，为学校师生提供依赖传粉者生长的本地食物，并张贴标识解释传粉者在食材生长过程中扮演的重要角色。同时，组织校内圆桌会议，邀请农民、养蜂人、野生生物专家、生物老师和地方政府决策人员作为会议嘉宾。围绕各方面临的挑战展开讨论，制定合作保护传粉者的可行计划。

级别 ❸

4.10 **公园巡逻**。探索周边公园，重点关注公园是否对传粉者友好。公园里是否生长着多种本土开花植物？有水源或传粉者栖息地吗？是否喷洒了农药？是否竖立指示牌提高人们对传粉者重要性的认识？根据公园对传粉者的吸引力，给各家公园打分，然后向各家公园致信解释如何提高分数，但要注意礼貌。

目标提示
这项活动有助于实现促进目标实现的伙伴关系（17）可持续发展目标。

4.11 经老师或领队批准，可以开展其他活动。

级别 ①②③

传粉者徽章训练课程

✓ 检查表

对照检查表，及时跟进课程活动的完成情况，全部活动完成后即可获得"传粉者挑战徽章"！

参与者姓名：..

参与者年龄：① 5～10岁　② 11～15岁　③ 16～20岁

	活动序号	活动名称	完成日期	审批人（签字）
传粉者是什么？				
传粉者为什么如此重要？				
关注蜜蜂				
四 行动起来				

资料
和更多信息

随时更新

本挑战徽章训练手册是青年与联合国全球联盟（YUNGA）及其合作伙伴联合开发编写的系列补充资料之一。想要获取更多资料，请登录网址：**www.fao.org/yunga**，或者发送电子邮件至 **yunga@fao.org**，订阅最新简讯免费推送服务。

给我们写信

我们很想知道你是如何使用这本挑战徽章训练手册的？你特别喜欢哪些方面的内容？有没有新的活动创意？请把你的材料发送给我们，以便我们能分享给更多人，同时收集意见反馈来改善课程设置。可发送邮件联系我们：**yunga@fao.org**，或者在推特上联系我们：**https://twitter.com/UN_YUNGA**，也可以加入我们的脸书：**www.facebook.com/yunga.un**

证书以及布质徽章

如需获取证书和布质徽章作为结课奖励，请发送邮件至 **yunga@fao.org**！证书将免费发放，布质徽章需要购买。学员也可以自行打印布质徽章，青年与联合国全球联盟很乐意根据要求提供模板和图形文件。

网站

以下网站提供了教案、实验、文章、博客、视频等各类实用教学材料，在指导学生和学员参加挑战徽章训练时可以派上用场。

Apimondia 也被称为国际养蜂工作者协会联合会，旨在促进世界各地养蜂业的发展。

www.apimondia.com

《生物多样性公约》（CBD）旨在保护地球的生物多样性，并确保它们得到可持续利用；为此，CBD正在领导保护传粉者的重大行动。

www.cbd.int/agro/pollinator.shtml

Edmonton & Area Land Trust 介绍了一系列很棒的活动，可以让你更多地了解传粉者。

Bee and Pollinator Activities for Kids

联合国粮食及农业组织（FAO）开展了各种活动，以鼓励在农业管理和良好养蜂实践中采取对传粉者友好的做法。

www.fao.org/pollination

斯洛文尼亚政府是推动设立"世界蜜蜂日"背后的主要力量。斯洛文尼亚拥有悠久的养蜂历史。登录下面网站，获得全面了解！

www.slovenia.info/en/stories/celebrateworld-bee-day-with-us

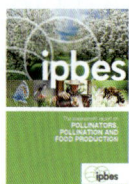

生物多样性和生态系统服务政府间科学政策平台（IPBES）制作了一份关于传粉媒介、授粉和粮食生产的评估报告。

2017 Pollination full report

世界自然保护联盟（IUCN）汇集了有影响力的组织和顶尖专家，共同努力保护自然，促进可持续发展。登录以下网址，了解世界自然保护联盟在欧洲开展的传粉者相关活动：

www.iucn.org/regions/europe/our-work/pollinators-europe

Junior Master Gardener提供了有关园艺、昆虫、植物及其相互作用的有用信息和技巧。

http://jmgkids.us/kids-zone

《国家地理》杂志记录了蜜蜂和其他传粉者的趣味事实。

www.natgeokids.com/za/discover/animals/insects/honey-bees

Nature Kids BC通过调查和采取行动让每个人都参与传粉者公民科学项目。

www.naturekidsbc.ca/be-a-naturekid/stewardship-citizen-science/pollinators

Pollinator Partnership设有学习中心，会向你传授关于传粉者的相关知识，以及如何采取行动保护传粉者。

www.pollinator.org/learning-center/education

英国皇家园艺协会（RHS）学校园艺运动鼓励并支持学校为儿童提供园艺学习机会，以提高儿童的园艺技能并促进儿童的发展。

https://schoolgardening.rhs.org.uk

联合国开发计划署（UNDP）设有一个"充满生活特色的嗡嗡声"（Buzzing with life feature）项目，其中包含世界各地养蜂人的故事和其他有趣的信息。bees.undp.org

联合国教科文组织和生物多样性公约（CBD）秘书处联合开发了一套生物多样性学习工具包（英语、法语和西班牙语），面向中学教师。共分为两卷：第1卷和第2卷。

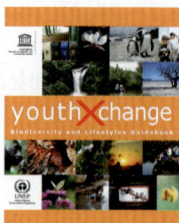

联合国教科文组织和联合国环境署制作了英语、法语和西班牙语的《青年与改变——生物多样性和生活方式指南》。书中提供了基本的背景知识、对重要辩论的观点和从世界各地收集的恰当案例，并对参与和行动的着手点提供了建议。

https://unesdoc.unesco.org/ark:/48223/pf0000233877.locale=en

联合国环境署2019年出版的关于传粉媒介的小册子充满了有用的事实和数据。

https://www.unenvironment.org/resources/report/2019-visual-booklet-pollinators-and-pesticides-keeping-our-bees-safe

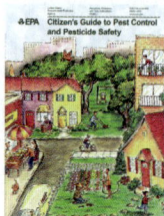

美国国家环境保护局（EPA）发行了《关于在家中安全控制害虫的重要方法指南》。

https://www.epa.gov/sites/production/files/2017-08/documents/citizens_guide_to_pest_control_and_pesticide_safety.pdf

世界蜜蜂日为每年5月20日，在庆祝的同时也提醒我们所有人要保护和养护蜜蜂。

www.worldbeeday.org

X-POLLI:NATION

X-Polli:Nation 是《国家地理》杂志的一个项目，该项目在公众、科学家、技术人员和教育工作者之间共享方法和工具，以支持传粉者、民众和公民科学项目的实践。

www.opalexplorenature.org/xpollination

可关注以下推特账号：

不要误会，这不是嗡嗡作响的"蜂鸟"，这些推特账号也不是传粉者，但此类账号为保护传粉者提供了很多帮助！可关注这些账号，获取参与保护传粉者的信息和方法！

你还可以订阅话题#PolliPromise，了解世界各地的人们为帮助传粉者正在做的事情。

@worldbeeday
@UN_YUNGA
@DefraNature
@BackyardNatUK
@GYBN_CBD

可识别花朵的应用程序（Apps）

想知道那朵奇异的紫色花叫什么吗？那朵不起眼的黄色小花又是什么花？它们是本地的土生花种吗？现在有几个应用程序帮助你成为真正的花卉侦探。赶快下载试试吧！

iNaturalist　www.inaturalist.org

What's That Flower　www.whatsthatflower.com

FlowerChecker　www.flowerchecker.com

词汇表

农业生态学（Agroecology）：将生态原理和概念应用于可持续粮食体系的设计和维护，并可以将多种类型的可持续农业纳入更大范畴的粮食体系。

生态农业（Agroecological Farming）：生态农业是知识、管理和劳动密集型（而非外部投入密集型）农业，旨在通过纳入功能性生物多样性，来重塑农业生态系统的长期特征，从而形成可持续、有弹性的农业系统。生态农业方法通常植根于传统的耕作方式或者由农民与科学家共同开发形成，旨在加强粮食主权（Garibaldi等，2017）。

花药（Anther）：花朵的雄蕊顶端，负责产生传递给雌蕊的花粉。

抗氧化剂（Antioxidant）：抗氧化剂是维生素C或维生素E、番茄红素和叶黄素等的化合物，可预防或阻止氧化。

养蜂家（Apiarist）：专业养蜂人。

蜂群（Bee-colony）：一群生活在蜂巢中的蜜蜂，通常由几千只工蜂和一只蜂王组成，在夏天还有成百上千只雄蜂。

蜂农（Beekeeper）：饲养蜜蜂的人，尤其是为了生产蜂蜜，但在某些地区也专指从事商业传粉服务的人。

养蜂（Beekeeping）：也称为养蜂业，是指实际管理社会性蜜蜂的一系列活动。

蜂花粉（Bee Pollen）：蜜蜂降落花朵时产生的一团花粉粒，是许多花粉粒、蜜蜂唾液、花蜜或蜂蜜的混合物。蜂花粉对人体健康有众多益处，并广泛用于商业生产中。

蜂蜡（Bee Wax）：这是蜜蜂分泌的用来制造蜂巢的蜡，蜂蜡也可用来制作护肤品、抛光剂和蜡烛。

可生物降解（Biodegradable）：可被细菌或其他生物体分解的物体或材料。

生物多样性（Biodiversity）：地球上所有不同种类的植物和动物的多样性，以及它们之间的关系。

气候（Climate）：指某地每日天气的长期平均值或整体情况，是长时间（30 年或更长时间）内温度、降雨量、风力和其他气象条件的全景图。

气候变化（Climate Change）：地球气候整体状况的变化（例如温度和降雨量）。气候变化是由自然原因（例如火山爆发、洋流变化和太阳活动变化）和人为原因（例如燃烧化石燃料）引起的。

堆肥（Compost）：用作天然植物肥料的腐烂有机材料。

退化（Degradation）：环境退化是由于空气、水和土壤等资源的破坏、生态系统和栖息地的破坏以及野生动物的灭绝而导致的环境恶化。

退化的土地（Degraded Land）：由于生物多样性、生态系统功能和服务持续下降或丧失而无法完全独立恢复其原有状态的土地。

滥伐森林（Deforestation）：人类为获取木材（例如用作燃料、造纸或制作家具）或将土地作为其他用途（例如耕种或建房）而毁坏森林（例如砍伐和焚烧森林）。当此种变化确定时，则为永久性毁林；当这种变化是森林循环再生（包括自然再生或人工辅助再生）的一个环节时，则为临时性毁林。

干旱（Drought）：长时间异常低的降雨量，导致缺水。

生态集约化（Ecological Intensification）：是一种知识密集型过程，通过加强管理的方式强化生态过程，从而改善农业系统绩效、效率和农民生计。

生态系统（Ecosystem）：生物（植物、动物和微生物）和非生物（水、空气、土壤、岩石等）在一个功能单元中相互作用所形成的群体。生态系统没有明确的大小：可以小到一个水坑，也可以大到整个沙漠。归根结底，整个世界是一个巨大的、非常复杂的生态系统。

生态系统服务（Ecosystem Services）：人类从环境和健康的生态系统中获得的不同利益。在《千年生态系统评估》中，生态系统服务类型分为支持性、调节性、供应性和文化性。然而，在生物多样性和生态系统服务政府间科学政策平台（IPBES）评估中这种分类被替换成"自然对人类的贡献"。

进化（Evolve）：一个物种的特征随着时间逐渐改变的过程，通常会历经许多代。

灭绝（Extinction）：当地球上任何地方都没有该物种的成员存活时，则该植物或动物物种即为灭绝。

受精（Fertilization）：对开花植物而言，这意味着雄性和雌性生殖细胞结合产生受精卵，该受精卵最终发育成种子。

肥料（Fertilizer）：在农耕或园艺活动中，一种添加到土壤中以帮助植物生长的化学物质或天然物质。

粮食不安全（Food Insecurity）：当人们无法获得足量的安全营养食品时，就会出现粮食不安全，导致人们的消费量不足以维持积极健康的生活。粮食不安全可能由缺乏食物、贫困或浪费造成。（资料来源：联合国粮农组织）

粮食安全（Food Security）：所有人在任何时候都能在物质和经济上获得充足、安全和有营养的食物，以满足自身对积极健康生活的

青年与联合国全球联盟学习和行动系列

饮食需求。（资料来源：联合国粮农组织）

洪水（Flood）：大量的水溢出，淹没（通常是）干燥的土地。

致灾因子（Hazard）：可能伤害人或环境的自然或人为现象。

虫害综合治理（Integrated Pest Management，IPM）：通过管理整个生态系统来综合治理害虫的方法。

外来入侵物种（Invasive Alien Species）：从其他地方无意或有意向本地引入的动物、植物和其他物种，其竞争力超过本地物种，从而对本地物种的栖息地产生负面影响。

无脊椎动物（Invertebrate）：没有脊椎的动物，包括节肢动物（如昆虫）和软体动物（如蜗牛和章鱼）。

土地利用变化（Land-use Change）：人类出于特定目的（例如住宅、农业、娱乐、工业等）对特定区域的使用，导致土地覆盖发生变化，例如森林消失。

营养不良（Malnutrition）：由于食物摄入不充足或不平衡，导致身体无法维持基本身体机能的状态。

微生物（Micro-organism）：一种非常小的生物，仅凭肉眼无法看到，但可以借助显微镜看到。微生物包括细菌、病毒、酵母菌、霉菌和寄生虫。

微量营养素（Micro Nutrients）：人体所需要的维生素和矿物质，虽然需求量相对较少，但对人类健康和福祉至关重要。

营养素（Nutrients）：动植物赖以生存和生长的化学物质。

营养丰富（Nutritious）：营养丰富的食物能够提供足量的必需营养素，保证我们的身体能够健康地新陈代谢与生长发育。

有机园艺和有机农业（Organic Gardening or Farming）：指使用从动植物废弃物中获得的生物肥料、农药等的农业生产过程。其初衷在于构建一个用于提高土壤肥力、蓄水、生物防治作物病虫害的完整系统，传统上与低投入、小规模、多样化的农场有关。

有机体（Organism）：个体生物，例如树、病毒或人。

氧化（Oxidation）：一种会产生自由基的化学反应，会导致连锁反应，（可能）损害生物细胞。

抗氧化剂（Antioxidant）：如可以阻止氧化连锁反应发生的某些维生素。

寄生虫（Parasites）：一种生物体（动物）寄生在另一物种的生物体上、体内或与其共同生活，以牺牲宿主为代价获得食物、住所或其他利益，可能会直接或间接伤害宿主。

病原体（Pathogen）：任何致病因子，尤其是病毒、细菌或其他微生物。

花蕊（Pistil）：花朵的雌性部分，由柱头、花柱、子房和胚珠四部分组成。

花粉（Pollen）：一种细粉状物质，通常为黄色，由花的雄蕊或雄性球果中排出的微小颗粒组成。

授粉（Pollination）：花粉从花的雄性部分转移到雌性部分，使植物能够繁殖。

传粉者（Pollinator）：一种在花朵之间移动花粉并帮助它们繁殖的动物。

蜂王浆（Royal Jelly）：由（蜜蜂群中的）工蜂分泌用于喂养幼虫和蜂王的物质；人们使用蜂王浆作为膳食补充剂。

自花授粉（Self-pollination）：同一朵花或同一株植物上另一朵花的花粉对此朵花进行授粉。

　　小农户农场（Smallholder Farms）：一个小农场通常只养活一个家庭，通过种植农作物来赚取收入和养家糊口。

　　土壤侵蚀（Soil Erosion）：由雨水、流水、风、冰、重力或其他自然过程或人类活动造成的地表磨损。

　　雄蕊（Stamen）：花朵中的雄性受精部分，包括花药和花丝。

　　柱头（Stigma）：花朵中接受花粉并启动受精过程的雌性部分。

　　可持续的（Sustainable）：利用自然环境满足人类的需求而不破坏自然，以便它可以继续生产，以继续维持植物、动物和人类的生命；确保我们的行动可持续意味着子孙后代也能生活得很好。

　　可持续农业（Sustainable Agriculture）：可持续农业旨在保护环境、扩大地球的自然资源基础以及保持和提高土壤肥力。

　　可持续发展（Sustainable Development）：实现包容性发展，不耗尽自然资源，并能继续满足子孙后代的需求。

　　可持续发展目标（Sustainable Development Goals, SDGs）：联合国成员国于2015年通过的一组目标（共17项），并作为一项全球呼吁，旨在到2030年消除贫困、保护地球并确保人人享有和平与繁荣。

　　植被（Vegetation）：植物物种（包括树木）及其提供的地面覆盖物的组合。

　　脊椎动物（Vertebrate）：任何有脊椎或脊柱的动物。

　　湿地（Wetlands）：一个独特的生态系统，永久性或季节性地被水淹没，也包括沼泽。

致谢

衷心感谢所有为编写《传粉者挑战徽章训练手册》付出努力的人。特别感谢各个机构，以及世界各地热心的女童军、童子军、学校与个人对本手册的多份初稿进行试用和审阅。

特别感谢 Abram Bicksler、Saadia Iqbal 和 Suzanne Redfern 对本手册文稿的准备和修订。

还要感谢 Loretta Andrade、Julie Bélanger、Paul Bigmore、Bernard Combes、Eeva Liisa Corpela、Snezana Dolenc、Lucas Alejandro Garibaldi、Fani Hatjina、Irene Hoffmann、Ruth Homer、Ian Homer、Riccardo Jannoni、Zbigniew Koltowski、Peter Kozmus、Ion Mirea、Erki Naumanis、Jeff Pettis、Jirǐ Píza、Jan Podpeěra、Neil Pratt、Liisa Puusepp、Alan Riach、Chantal Robichaud、Suzanne Redfern、Slobodan Sesum、Robert Spaull、Anastasia Tikhonova、Annie Weaver 和 Bron Wright，感谢他（她）们为创作本手册的付出和贡献。

也要感谢 Fani Hatijina、Giulia Tiddens 和 Bron Wright 对本手册贡献的图片。

特别感谢联合国粮农组织副总干事 Maria Helena Semedo 办公室的贡献和支持，使得《传粉者挑战徽章训练手册》成为可能。

联合国粮农组织青年与联合国全球联盟（YUNGA）协调员兼青少年联络员 Reuben Sessa 在本手册编写过程中承担了协调和编审工作。

请访问网站（www.fao.org/yunga）或进行注册，获取免费邮件推送，了解当前计划，获取最新资源。

本手册由以下机构合作编写并得到各机构的认可：

联合国粮食及农业组织（联合国粮农组织）

联合国粮农组织引领国际行动，努力提高全球农业绩效。粮农组织为发达国家和发展中国家提供服务，并作为一个中立的论坛平台，所有国家可在此平等会面、谈判协商和政策辩论。联合国粮农组织还是知识和信息的来源，帮助各国就土地和水资源管理完善农业政策，并促进政策的现代化。联合国粮农组织通过"全球传粉项目"应对传粉媒介的消失。

联合国粮农组织可持续农业传粉服务全球行动：**www.fao.org/pollination**

Apimondia

也被称为国际养蜂工作者协会联合会，旨在促进各国养蜂业的科学、生态、社会和经济发展，以及养蜂人协会、科学机构和全球养蜂业个体间的合作。

www.apimondia.com

《生物多样性公约》（CBD）

《生物多样性公约》的发起是为了保护生物多样性，确保其可持续利用，并确保因开发利用遗传资源而产生的惠益得到公平和公正地分享，CBD与缔约国、相关组织、土著居民、当地社区以及利益相关方开展合作，以阻止生物多样性的丧失，包括野生的和人工管理的传粉媒介，并保护和支持所有生态系统，包括农业和粮食生产系统以外的生态系统，特别是能够支持土著居民和当地社区生计和文化的生态系统。

www.cbd.int

联合国粮农组织粮食和农业遗传资源委员会

委员会成立于1983年，是唯一专门处理粮食和农业生物多样性问题的常设政府间机构。委员会旨在就以下方面达成国际共识：粮食和农业遗传资源的可持续利用和保护政策，公平公正地分享利用遗产资源所产生的惠益。委员会通过促进对粮食安全和农村贫困至关重要的整个生物多样性组合的利用和开发，为其成员和其他利益相关者提供一个独特的平台，以促进建设一个没有饥饿的世界。

www.fao.org/cgrfa

斯洛文尼亚政府

是世界蜜蜂日成功设立的推动者，世界蜜蜂日于每年5月20日在世界各地庆祝。养蜂是斯洛文尼亚一项重要的农业活动，具有悠久而丰富的传统。其典型特征是采用（从18世纪中叶开始）独特的彩绘木制蜂箱板，这些逼真的民间故事露天艺术画廊帮助蜜蜂自我定位，也更易于养蜂人区分各个蜂箱。斯洛文尼亚也是卡尼鄂拉蜂（*Apis mellifera carnica*）的故乡，卡尼鄂拉蜂是斯洛文尼亚土生土长的蜜蜂亚种，以其对蜂农的辛勤工作和温和行为而闻名，是世界上分布第二广的蜜蜂品种。2011年，斯洛文尼亚成为首批禁止在其境内使用某些危害蜜蜂的杀虫剂的欧盟国家之一。

www.worldbeeday.org/en/about/why-slovenia.html

国际青年养蜂人中心（ICYB）

ICYB是一个协会，其主要任务是为青年养蜂人和初次养蜂人提供国际支持和协调，并为其组织国际会议。

www.icyb.cz

苏格兰养蜂人协会（SBA）

该组织的宗旨是保护蜜蜂、为养蜂人提供支持，提高养蜂标准，并通过以下方式在苏格兰推广蜂制产品：加强教育，保护环境，发展遗产、文化和科学事业。

www.scottishbeekeepers.org.uk

斯洛文尼亚养蜂人协会

斯洛文尼亚大多数养蜂人加入斯洛文尼亚养蜂人协会，他们以继承和保护其祖先的养蜂传统为荣，尤其注意保护土生土长的卡尼鄂拉蜂，注重保护其生活栖息地，确保能够生产出最好的蜜蜂产品。斯洛文尼亚养蜂人协会发起了"蜂蜜早餐"、学校养蜂俱乐部、蜜源植物推广等项目，受到了广大民众的热烈欢迎。2014年该协会发起了设立"世界蜜蜂日"的倡议。

www.czs.si

联合国教育、科学及文化组织（UNESCO）

教科文组织致力于通过教育、科学和文化领域的国际合作来促进和平。 教科文组织的相关项目有助于实现可持续发展目标。

www.unesco.org

世界女童军协会（WAGGGS）

代表来自150个国家和地区的1 000万女童，是世界上最大的致力于女童和年轻女性的志愿运动组织。100多年来，WAGGGS 为女孩们提供了安全的空间，让她们可以按照自己的节奏在所在地边做边学。

www.wagggs.org

世界童子军运动组织（WOSM）

世界童子军运动组织是一个独立的、世界性的、非营利、无党派组织，为童子军运动服务。它的目的是促进团结，加强对童子军的目的和原则的理解，同时促进其发展。

www.scout.org

图书在版编目（CIP）数据

传粉者挑战徽章训练手册 / 联合国粮食及农业组织编著；张龙豹，李骏达，张笑译. —北京：中国农业出版社，2023.12

（FAO中文出版计划项目丛书）

ISBN 978-7-109-31201-2

Ⅰ.①传… Ⅱ.①联… ②张… ③李… ④张… Ⅲ.①授粉—手册 Ⅳ.①S334.2-62

中国国家版本馆CIP数据核字（2023）第191078号

著作权合同登记号：图字01-2023-3971号

传粉者挑战徽章训练手册

CHUANFENZHE TIAOZHAN HUIZHANG XUNLIAN SHOUCE

中国农业出版社出版

地址：北京市朝阳区麦子店街18号楼

邮编：100125

责任编辑：郑　君

责任设计：王　晨　　责任校对：张雯婷

印刷：北京通州皇家印刷厂

版次：2023年12月第1版

印次：2023年12月北京第1次印刷

发行：新华书店北京发行所

开本：700mm×1000mm　1/16

印张：11.25

字数：215千字

定价：89.00元